驀進する
世界のグリーン革命

Green Revolution
Making A Dash

地球温暖化を越え、
持続可能な発展を目指す
具体的アクション

橋爪大三郎 ●編
HASHIZUME Daisaburo

ポット出版

驀進する世界のグリーン革命

目次

はじめに……6

I
グリーン革命と変貌する世界……11
橋爪大三郎

II
技術と経済を重視するアメリカ……33
グリーン・イノベーション政策とワックスマン・マーキー法案に見る、地球温暖化問題への取り組み
野澤聡

III
低炭素経済を創る……63
イギリスの気候変動法
池田和弘

IV
低炭素社会への途……87
日本は炭素税から始めよ
池田和弘

V
日本は排出量取引制度を導入するべきか……113
鈴木政史

VI

太陽熱発電と高圧直流送電……125
橋爪大三郎

VII

自然エネルギー政策はなぜ進まないのか……145
封じ込められた地熱・小水力の潜在力
品田知美

VIII

EVとスマートグリッド……171
長山浩章

執筆者プロフィール……204

はじめに

　『驀進(ばくしん)する世界のグリーン革命』は、東京工業大学世界文明センターの研究グループ「炭素研究会」が母体となってまとめた書物です。

　世界文明センターは、人類文明の未来と科学技術の使命をテーマに、大学の内外、そして広く一般市民、世界へ向けさまざまな情報を発信することを使命にしています。この本では地球温暖化問題をテーマとして取り上げました。

　この本で述べられていることは、必ずしもマスメディア（テレビ・新聞）で頻繁に目にするようなことではないかもしれません。専門の研究者なら知っていることかもしれませんが、一般の人びとが十分理解してはいないようなことです。これを理解してもらう必要があると思って、本書をまとめました。

　大人だけではなくて、子どもにも理解してもらう必要がある。そう考えて、世界文明センターは「サイエンスクラブ」という、夏休みの小学生・中学生向けの公開講座を開いています。私は理科を担当し、小学校1〜6年生、中学生のみなさん向けに、「地球を救え」という講座を受け持っています。

講座はこんな感じです。

「地球を救おう大作戦!」みなさん、地球を救わなくてはなりません。地球が温暖化している。その犯人は炭酸ガスだ。炭酸ガスを減らして地球を救うために、3つの作戦が大切です。

作戦第一、「節約大作戦」。無駄なエネルギー、無駄な資源を使うのをやめて、炭酸ガスの排出を減らしましょう。

二番目、「石炭・石油をやめよう大作戦」。節約だけでは貧乏になる。限度があります。我慢、我慢では楽しくない。そこで、十分エネルギーを使いながら、でも炭酸ガスが出てこないというやり方にシフトしないといけない。電気を作るのにも、石炭や石油の代わりに、炭酸ガスが出てこない電気のつくりかたを考えよう。これが二番目の作戦です。

三番目、「炭酸ガスをキャッチしよう大作戦」。とはいえ、どうしても石炭・石油を燃やさなくてはならないときもあるでしょう。その場合には、せめて空気の中に炭酸ガスが出ていかないように、閉じ込めてしまおう。炭酸ガスは、毎年の出方を半分にするのでは不十分で、8割、9割減らしてしまわないと追いつかないのです。

この3つの作戦を全部、しかも今すぐ、始めないといけません。

さて、3つの作戦は「大作戦」と「大」の字がついています。どうしてかというと、これは100年間つづける作戦だから。100年間つづけるということは、小学生のみなさんが生きているあいだはもちろん、みなさんの子供や孫も一緒になって参加しないといけない作戦です。いま東京工業大学は、この作戦の先頭を切って、これが世界の人びとに取り入れられるように、声を大にして言っているのですが、今日お家に帰ったらお父さん、お母さんにもこの話をしてあげてください。そして、みなさんの子供が小学校に行くようになったら、いま、「地球を救おう大作戦」の最中だから、頑張るんだよ、と教えてあげてください。どうしてかと言えば、20XX年に東京工業大学のサイエンスクラブで、こういうふうに教わったからね、と。

　こういう授業をしています。言っていることは簡単なのです。これをもう少し具体的に言うとどうなるか、というのがこの本です。細かい技術的なことがあれこれ書いてあります。しかし、その思いはひとつです。ぜひ本書に目を通して、参考にしてください。

　本書の構成は以下のようです。
　「Ⅰ　グリーン革命と変貌する世界」（橋爪大三郎）ではグリーン革命という考え方のもつ意味や、「再生可能

エネルギー」とはなにかについて説明します。

「Ⅱ 技術と経済を重視するアメリカ——グリーン・イノベーション政策とワックスマン・マーキー法案に見る、地球温暖化問題への取り組み」(野澤聡)。アメリカの法律は、市場と規制を巧みに組み合わせた合理的なルールづくりの精神が生きています。

「Ⅲ 低炭素経済を創る——イギリスの気候変動法」(池田和弘)。炭素排出量削減を実現するためには、社会のルールをどのように変える必要があるのでしょうか。実際にイギリスでつくられた法律を読みといてみます。

実は日本にも「地球温暖化対策基本法案」というものが既にあります。しかしこの法案の実効性には疑問があります。ではどうしたらいいでしょうか。それは「Ⅳ 低炭素社会への途——日本は炭素税から始めよ」(池田和弘)で述べています。

そして、欧州ではじまった排出量取引制度。それを参考にしてつくられつつある米国の法案。これらをもとに、日本に導入する際の問題点を考察したのが「Ⅴ 日本は排出量取引制度を導入するべきか」(鈴木政史)です。

「Ⅵ 太陽熱発電と高圧直流送電」(橋爪大三郎)では太陽エネルギーによる新たな発電技術と、それに不可欠な送電方式について解説します。

そして「Ⅶ 自然エネルギー政策はなぜ進まないのか——封じ込められた地熱・小水力の潜在力」(品田知美)。太陽エネルギー以外の自然エネルギーの普及の妨げになっているものはなんでしょうか?

「Ⅷ EV(電気自動車)とスマートグリッド」(長山浩章)では炭素排出量削減の大きな鍵となるEVとスマートグリッド普及への課題を検討します。

最後に、この書物のもとになった研究は公益財団法人三菱財団の助成金を得て行なわれたことを記して、感謝したいと思います。

橋爪大三郎

I
グリーン革命と変貌する世界

橋爪大三郎

●**グリーン革命とはなにか**

 本書は、これから起こるであろうグリーン革命についてのべるものです。

 グリーン革命とはどういう変化なのか。最初に説明しておきましょう。

 グリーン革命が必要なのは、地球温暖化——気候変動と言ったほうがいいかもしれません——が、緊急の課題として浮上してきたことによります。

 気候変動問題の本質を捉えておきたいと思います。

 地球温暖化は、地球環境が脅かされる、という意味で、環境問題であると言えます。けれども、これは従来の環境問題と違って新しい環境問題です。その点を理解しなくてはいけません。

 日本に馴染みの深い環境問題は、環境が汚染されること、つまり公害問題です。

 公害問題と地球温暖化は、大変に異なります。公害問題は、工場から毒性の強い廃液や廃ガスが排出されて、直接または間接に人体に影響が及ぶ、というものでした。汚染物質は副産物、いわばゴミです。そこで副産物(ゴミ)を出さないようにする技術改良が可能です。それから、副産物(ゴミ)は毒性が強かったとしても、分解可能です。分解するにはエネルギーを使えばいいのです。エネルギーを使えば副産物が出なくなったり、出てきても分解して安全な物質にしたりできる。

これが公害対策の基本です。

　まとめましょう。工業プロセスを維持するために、前は野放しにしていたものを、余分なエネルギーをつかって、人体に被害がないようにする。これが従来型の環境問題であり、従来型の環境問題の解決法です。

　気候変動や地球温暖化は、炭酸ガスが主因であると言われています。

　炭酸ガスが主因であると考えると、炭酸ガスと従来の汚染物質が大変違うことがわかります。炭酸ガスは確かに副産物ですが、毒性がありません。天然に存在する通常の物質です。そして、分解できない。分解すると炭素と酸素になりますが、大変なエネルギーが要ります。そもそもそんなことをするくらいなら、炭素の塊である石炭と空気中の酸素を反応させて熱を取り出す、なんていう工業プロセスを実施しなければよかったんです。化石燃料を燃やしてエネルギー源としている以上、炭酸ガスを分解するなんてナンセンスです。

　こういった理由で、炭酸ガスと熱は最終的な排出物であって、これを除去する方法がありません。炭酸ガスはいったん空気中に拡散してしまうと、これを効果的に除去する方法がない。

　厳密に言うとないわけではない。タダで空気中の希薄な炭酸ガスを取り出してくれるヘルパーがいます。それは植物です。植物は太陽の光が当たると光合成を

I グリーン革命と変貌する世界

行ない、空気中に、産業革命前は280ppm、現在は400ppmの濃度がある炭酸ガスをせっせと吸収して、自分のボディにしてくれる。しかし植物は通常のプロセスの中で成長し、枯れて腐敗して分解されてしまうので、植物が吸収する炭酸ガスと植物から排出される炭酸ガスは、季節変化を取り除くと同量になり、植物に空気中の炭酸ガスを除去してもらおうと期待しすぎることはできません。

実は海の中にいる植物性プランクトンは、死んでも完全に分解せず、マリンスノーなどになって海底に沈んでいくという、人類にとって大変に重要な役割を果たしていますが、これとても人間が排出する余分な炭酸ガスの半分弱を吸着しているにすぎないと思われるので、人為的に排出された炭酸ガスは空気中に累積していく。このプロセスは、今後加速することはあれ、止めることはできないと思います。

こうして空気中に堆積していく炭酸ガスが温室効果を持っていることが、30年ぐらい前から憂慮されるようになりました。温室効果はじわじわと地球を温めているのではないか。これが地球温暖化の本質です。

さて、この「炭酸ガス犯人説」に対して有力な反論があります。科学者は検証されないと、それが事実だと認めません。しかし地球環境、とりわけ大気圏の対流や温度についてはさまざまな学説があって、決着し

図表1● マウナ・ロアで観測した大気中のCO_2濃度の経年変化

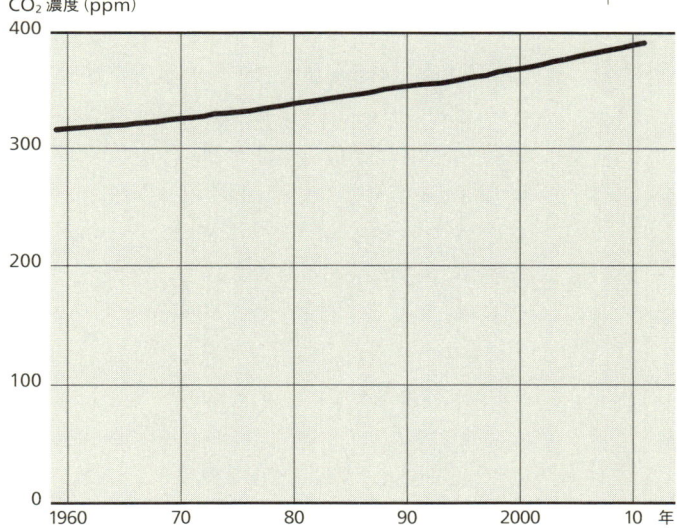

年	CO_2濃度(ppm)	年	CO_2濃度(ppm)	年	CO_2濃度(ppm)
1959	315.97	1977	333.78	1995	360.8
1960	316.91	1978	335.41	1996	362.59
1961	317.64	1979	336.78	1997	363.71
1962	318.45	1980	338.68	1998	366.65
1963	318.99	1981	340.1	1999	368.33
1964	319.62	1982	341.44	2000	369.52
1965	320.04	1983	343.03	2001	371.13
1966	321.38	1984	344.58	2002	373.22
1967	322.16	1985	346.04	2003	375.77
1968	323.04	1986	347.39	2004	377.49
1969	324.62	1987	349.16	2005	379.8
1970	325.68	1988	351.56	2006	381.9
1971	326.32	1989	353.07	2007	383.76
1972	327.45	1990	354.35	2008	385.59
1973	329.68	1991	355.57	2009	387.38
1974	330.18	1992	356.38	2010	389.78
1975	331.08	1993	357.07	2011	391.57
1976	332.05	1994	358.82		

出典:NOAA Earth System research Laboratory

ていません。この論争が決着するのには、実際に大気圏の温度が2100年に上昇するかどうかを待たなければいけませんが、それでは遅すぎます。本当に炭酸ガスが犯人だとわかったそのときには、回復不可能なダメージが人類社会、特に経済に与えられているでしょう。その前に予防的な措置を講じるかどうかが地球温暖化問題の本質ですから、科学的には根拠が曖昧なままアクションを取らなければならない。これがもうひとつ非常に困難な問題なんです。

　本書の立場は、地球温暖化が進行しているかどうか、そしてその主犯が炭酸ガスであるかどうか、を究明するものではありません。蓋然性（どうもそうらしい、という状態）のもとで、しかし「この人類社会と地球に責任を持つ主体として予防措置を取ろう、それにコストがかかっても仕方がない、どうすれば最善の解決策をはかることができるか考えてみる」というのがわれわれの立場です。

　そのために必要なアクションを「グリーン革命」と呼んでいます。

　グリーン革命とはひと口で言えば、この産業文明が化石燃料に依存して炭酸ガスを排出しつづけるのをやめ、化石燃料に依存せず、炭酸ガスを排出しないものに改めていく、持続的で全体的なアクション、のことです。

＊

　さて、このような認識は国際合意になっているのでしょうか。国際社会は、気候変動、地球温暖化について警告が発せられて以来、IPCC(Intergovernmental Panel on Climate Change／気候変動に関する政府間パネル）で議論を繰り返してきました。これは国連のもとにおかれ、各国政府から半ば独立した、世界の科学者の合議体です。ここにはいくつもの部会があり、さまざまな科学者が相互に議論しています。

　IPCCは、自分で研究をするのではなく、すでに行なわれた研究を引用し、評価して、科学者集団が全体としてどういう議論をしているかを整理するものです。ときどき報告書を出していて、現在第四番目の報告書まで出ています。その報告書は、回を追って深刻なものになっています。現在は「人為的な理由によって気候変動が進んでいて、このままいくと危険である」、という結論になっています。人為的な理由とは、人間が化石燃料を燃やして、炭酸ガスを空気中に排出したことを意味します。

　これを受けて、京都議定書が結ばれました。これは1997年、京都に世界各国の代表が集まり、気候変動条約にもとづき先進国のアクションを決めたものです。気候変動条約には、世界のほとんどの国が加入していますが、その中に「1条国」という、炭酸ガス排出の

削減義務を負っている国があります。京都議定書では、EUや日本、アメリカなどの国々が参加しました。約束したのは、温室効果ガスの排出量を、2008年から2012年までの5年間のあいだに、1990年に比較してEUは8%、日本やカナダは6%を削減する、という国際公約です。日本はそれに調印しました。日本は、まさかこうした条約がまとまると思っていなかったので、うかうか調印してしまったと言われていますが、先進各国は大変によく準備をして、条約の効果を見据えていたのです。EUは1990年という絶妙なタイミングを基準年に選んで調印しました。1990年は、東ヨーロッパの国々がEUに統合されようとしていた年で、東ドイツや東ヨーロッパは熱効率が悪い発電所や製鉄所だらけで、もくもくと炭酸ガスを出していました。これらを新しい設備に置き換えるだけで、6%の削減なんてあっという間にできてしまう。現に、ヨーロッパは楽々と目標を達成しました。

　いっぽう日本の1990年はバブル期で、工場は最新設備に置き換えられていて、省エネ化も一巡したところでしたから、雑巾を絞っても水は一滴も出ないという状態で、6%の削減はぜんぜん無理です。約束期間が始まった2008年には、1990年に比べて減るどころか7%も増えていて、13%もの削減をどうしようと、ほんとうに困ったわけです。

アメリカは目先がきき、こういう馬鹿馬鹿しい条約には付き合っていられないと、ブッシュ大統領がさっさと京都議定書の1条国から脱退してしまいました。だから削減義務がないのです。中国、インドのような炭酸ガスを大量に出している国も削減義務がありません。つまり優等生のヨーロッパと、それにお付き合いした日本が、わずかばかりに炭酸ガスの削減をする、あとは野放しという、気休めみたいな条約があるだけなのです。

今後はポスト京都、つまり第二約束期間に向けて、議定書をバージョンアップしなくてはならないのですが、国際合意がまとまらず、今後の見通しもなしに漂流している状態です。本来ならば日本がイニシアチブを取るべきところですが、日本は自分が約束も守れていないので、国際的な信頼がゼロになりました。ヨーロッパはアメリカの反対にあって、いろんな提案が実らない状態です。国際社会の合意は、まったく見込みが立たない状態だと言ってもよいでしょう。

国際的に足並みが揃わないのは、これからどういう技術で、どういう方向に社会が進んでいくのか、いろんな思惑が交錯し、まだ意思一致がないのが理由です。各国はお互いに相手に出し抜かれるのではないかと疑心暗鬼になっており、問題の先送りをしているだけなのです。そうやっているうちにも地球の危機は深まっ

ていく。そう憂慮して、私たちはこの本を書いています。

●再生可能エネルギーとはなにか

国連は1987年のブルントラント報告で、「持続可能な発展」というスローガンを掲げました。これは人類社会の未来について、いまのところともかく合意がえられているビジョンです。「持続可能」[sustainable]とは、現在世代の人びとが幸せに暮らすことによって、将来世代の人びとが幸せに暮らす権利を脅かさない、という意味です。

まことにもっともなのですが、よく考えてみると、これはそんなに簡単ではありません。例えば石油は有限な資源です。有限な資源をちょっとでも使ってしまえば、次の世代は確実にその分だけ資源が少なくなってしまう。最後には本当に石油がなくなってしまうでしょう。有限な資源、再生が不可能な資源を使ってしまうということ自身、持続可能性に反する行為です。もしこれを本当にまともに受け取るなら、エネルギー源は再生可能なエネルギー以外にありえません。再生可能なエネルギーとは荒っぽく言えば、風力、地熱、水力、潮力、太陽光、太陽熱……、そういうものです。

ところが現在、これらのエネルギー源は量が少なすぎるか、不安定か、高すぎるか、なんです。多くの先

進国でエネルギーの主流となっていません。もちろん発展途上国でも主流となっていません。多くの国々の発展は、いちばん値段の安いエネルギー、つまり石炭や石油や天然ガス、原子力などに頼っているのが実態です。「持続可能な発展」という言葉は美しいが、矛盾に満ちた概念だと言えるでしょう。

＊

　次に、世界経済を考えてみます。

　国連が主に問題にしているのは、途上国の貧困の問題です。そして、すべての人びとに経済発展のチャンスを与えなければならないとしている。

　この、世界の発展メカニズムの中核に位置するのは、市場経済。グローバル化した、資本主義経済です。これはプラスに働くものなのか、マイナスに働くものなのか。ふたつの考え方があります。従来は、社会主義・共産主義の考え方なのですが、資本主義・自由主義の経済は貧困を増幅する悪の装置であると考えられていました。社会主義が退潮していったいま、資本主義・自由主義の経済に取って代わるメカニズムが提案されているわけではありません。当面、このやり方によって、食料や科学技術やさまざまな資源を分配して、世界の人びとに届けていく以外にないのです。

　しかし、これに頼っているばかりでは、問題は解決しないでしょう。なぜかと言うと、先進国と途上国の

ギャップがありすぎて、資本は主に先進国の間や、せいぜい新興工業国に流れていくだけであって、そこで所得と雇用と資源が配分されるからです。一部の人たちは美味しいパイを分けあって食べていますが、そこから外れた途上国の人たちには資源が行き渡らず、食料も乏しく、戦争に明け暮れ、貧困にあえいでいる、というのが実情ではないでしょうか。

　このように、市場経済は、先進国と途上国の問題を解決する決め手を内蔵していません。

　それからもうひとつ大きな問題として、現在世代と将来世代の利益を平衡させる論理も持っていません。市場経済は、いま生きている人たちが資源やお金を持っていて、交換をして、より望ましい状態を実現しようという論理を持っています。つまり、いま存在しない将来の人の利益を考えるという論理をもともと持っていないのです。

　そういう論理は小さな共同体が持っている。家族が持っている。家族は、親が自分を犠牲にして子どもの世代の利益を図ることができます。それから、国家がわずかに持っている。でも国際社会は持っていないのです。当然、市場経済も持っているとは限らない。

　それでは、市場経済にもとづきつつも将来世代の利益を侵害しない、持続可能な発展ができるのでしょうか。できないとは言いませんが、できるという保証が

ないのです。将来世代の利益をはかることは、哲学の大問題でもあります。哲学でいろいろ議論されていますが、結論はないのです。

　結論が出ない問題を延々と考え続けてもしょうがないので、私たちが提案するのは次のことです。

　まずエネルギー源を、枯渇してしまう化石燃料に頼るのを止め、なるべく再生可能なエネルギー、グリーンエネルギー、新エネルギーに置き換える。これが市場経済の中で行なわれるなら、取りも直さず、将来世代の利益が守られることになります。その技術を推し進めるならば、ローテクで値段の安い化石燃料を途上国の人たちに回す余地も増えます。貧困を解消する手立てにもなる。これが第一点です。

　二番目に、グリーン技術というのもあります。例えばCCS(Carbon Capture & Storage／炭素隔離貯蔵)。これは簡単に言うと、どうしても化石燃料を使わなければいけないような産業、たとえば製鉄などで利用します。鉄鉱石は酸化鉄ですから、これを還元して普通の鉄にするために石炭（コークス）と一緒に燃やします。これが製鉄の一番簡単なメカニズムですが、どうしても炭酸ガスが出てきます。この炭酸ガスを空気中に排出してしまわないで、吸着し、最終的には炭酸ガスだけの状態に単離して、圧力をかけて液体に（つまり容積を小さく）し、地中や深い海などに捨ててしまって、大

気中に二度と出てこないようにする。この技術が、CCSです。簡単に言うと、化石燃料は使うけれども空気中の炭酸ガスは増えないという、最後のゲートキーパーにあたる技術です。こういう技術ももしあれば、地球温暖化を阻止できることになる。こんな画期的な技術はなぜ使われていないのか。専門家は、この技術を使うと電気代は50%高くなるだろうと言っています。だから電力会社も、産業界も、二の足を踏んでいるわけですが、でも50%で済むならば、すぐに採用してもいい技術だと思います。

　ちなみに石炭の値段はここ数年で3倍くらいに高騰したそうです。それでもみんななんとかやっている。50%高くなる程度であれば、経済の余力の範囲内なのです。

　再生可能エネルギーへシフトし、グリーン技術を採用する。これが、持続可能な発展のための具体的なアクションです。本書の各章が明らかにするのは、そういったそれぞれの技術がどのように取り入れることができるかという、さまざまな可能性や思考実験です。

●連帯の復活

　地球温暖化の問題がどういう構造を持っているのかを、よく考えてみましょう。

　「共有地の悲劇」をご存知でしょうか。村の真ん中に

緑の芝生があります。みんなはそこから大きな利益を得ています。でも、寝転がったら、実に気持ちがよさそうだ。そこでサッカーをしたらいいなあと思う人がいました。誰かひとりがサッカーをしても、その程度では芝生はなくなりません。芝生には、少々の打撃だったら復元する力があります。それを見た別の人は、「彼がサッカーをしていいのなら、私も芝生でサッカーをしたい」と思い……、ついにみんながサッカーをするようになった。しばらくしたら芝生はハゲハゲになってしまい、二度と復元されなかったのです。

「共有地の悲劇」は、それを維持するコストを誰も払わず、みんながタダ乗りをすると共有地自体が破壊されてしまって、すべての人が損害を被る、という状況をいいます。公共のものがあるならば、それを維持するコストを皆が払わなければならず、そのメカニズムを構築することが必要です。

さて、地球が快適な環境で、温暖化しないというのは、こういう構造を持っていないでしょうか。いま世界100カ国あったとします。ある国が炭酸ガスをモクモク出して、残りの99カ国が全然出さなかったとする。一国が炭酸ガスを出したくらいでは、地球は温暖化しないでしょう。その国は、得をする。でも、その国が出していいのなら隣の国も出していい、ということになり、やがてすべての国が炭酸ガスを出すことになれば、

温暖化が進行してしまって、文明生活をエンジョイするどころではなくなってしまうでしょう。

　地球の快適な環境は、いわば共有地。すべての人が享受しているメリットです。このメリットは、ふだんは感じられないが、実際そこにあります。ではそのメリットを維持する責任を、誰が分かち持っているのでしょうか。従来はそういうメカニズムは存在しませんでした。でも人間の能力が大きくなった結果、その快適な環境が失われる可能性が生じてきたのです。そうしたら、賢明な人類は、このメカニズムをつくらなきゃいけない。それには、炭酸ガスをマイナスの公共財（管理すべきゴミ）と考えて、何トンまでなら出していい、何トンから先は出してはいけないと決め、その権利（排出権）をみんなに配分するということが必要です。

　さきほど、世界は自由主義・市場経済で動いている、と言いましたが、それに加えて、炭酸ガスの可能な排出量の上限を世界に割り当てる論理（炭素統制経済の考え方）が必要であることがわかります。炭素統制経済を取り入れるという、全く新しい発想が必要なのです。

　誰がどういう権限で、そんな割り当てを行なえるでしょうか。各国政府が主権者として独立していたのに、国際機関が相談して、各国の主権を上回った命令を下さなければいけません。当然、命令違反に対する罰則もあるでしょう。最後の手段は戦争かもしれないです

が、戦争をしないまでも、有効な制裁措置がなければ、共有地の悲劇、地球温暖化は回避できないかもしれません。

だからそのメカニズムを急いでつくらなくてはいけない。それが地球温暖化の本質です。

各国で取れる措置があります。各国には政府（国家権力）があって、国家権力はいろんな手段を持っています。いちばん簡単なのは、税金。それから、補助金です。税金はお金を取り、補助金はお金を与える。お金を与えるより、お金を取るほうが簡単です。理屈は簡単。お金を取ることにはみんな反対するけれど、財源を考えなくていい。いっぽう、お金を与えるには財源が必要だから、なかなか簡単じゃないのです。

ということで、炭素を出すから税金を取る「炭素税」をつくる。これは炭素を抑える非常に有効な手段です。

そして、炭素会計。これは税金を取るだけではなくて、炭素を減らした人には補助金も与えるものです。そういうアメとムチは、ある国単独で、やろうと思えばできます。

各国がこういうことをやり、どれくらいの炭素税を掛け、どれくらいの排出量に抑えることを自分の国が約束するか、というのをお互いに条約で決める、という二段階の仕組みが、炭素統制経済の中身であろうと思います。

先進国は、炭素税率を同率にする必要があるでしょう。それから、炭素会計を施行して、その余剰金を、お金のない途上国が新エネルギーに転換したり、グリーン技術を採用したりする資金にする。こういうことで足並みを揃えて、世界中が取り組む連帯を回復するのが、このグリーン革命の成功の秘訣です。

　人類は、人類でありながら個別利害に分断されて、最悪の場合は戦争をしながら争ってきました。でも、ひとつの地球に乗っていて、A国の空気はB国に流れていき、温度は地球全体でシェアしているのです。私たちは同じトロッコに乗って暴走している、一蓮托生の運命共同体だ、という認識を深く深く持つことが大事なのです。

●新たな世界へ

　この炭酸ガスの問題は、2100年をメドとすることになっています。2100年から後は、いまでは想像もつかない画期的新技術が現れて、炭酸ガスを減らさなくてもエネルギーが確保できたり、いろいろな新しい仕組みが出てくる可能性がある。でも2100年までは、いま想定されている技術以外に、そういったうまいアイデアは出てこないでしょう。だから2100年までは当面責任を持とうではないか。この100年計画が、いまわれわれが考えていることなのです。

そうすると、国際的な協議をしなくてはいけませんが、国際社会はますます合意が難しくなっています。なぜかと言うと、EUはまとまったのですが、アメリカとEUのあいだには足並みの乱れがあるからです。アメリカは自由の国であって、個々人の主体性を統制経済のように制限しようとすることに強い抵抗があります。

　それから中国。中国は発展が遅れてきたので、いままさに21世紀に向かって大きく羽ばたこうとしているのですが、その発展にブレーキがかかるのではないか——特に中国には石炭がたくさんありますから——と心配しています。インドやイスラムも、全然違った価値観を持っているでしょう。そういうさまざまな集団の話がなかなかまとまらない、というのがこれから起こってくることです。

　これらの国々が足並みを揃えて、炭素統制経済に移行していくのは、至難の業です。彼らは固有の価値観、固有の宗教、固有の伝統を持っていますから、それを切り替えて、この合理的な選択をするのが難しくなっているのです。指導者は説得できても、民衆は納得しない。だから時間をかけて——もうあまり時間はないのですが——争いにならないように、彼等の行動を変化させていく必要があります。これが革命の一番大事な点です。

　共有地の悲劇を避けるために、炭酸ガスの排出を減

らしていく。実に合理的で問題のない考え方ですが、しかし人間はいつも合理的に動いているわけではありません。日本人が日本人であったり、キリスト教徒がキリスト教徒であったり、中国人が中国人であったり、インド人がインド人であったりするのは本人の選択ではなく、まったく不合理にそうなっているわけです。この不合理によって分断された人類社会が共通の価値観に立つことを、これほど問われている事態はかつてないでしょう。

　日本がそこで役割を果たすとすれば、次のようなことが前提になります。

　まず第一に、日本は科学技術で世界をリードする立場にあること、それなりの資本と技術があること、それだけの人材が揃っていること。

　二番目に、日本はキリスト教のような、イスラム教のような、儒教のような、バラモン教のような、原理主義的な宗教によってしばられていないことです。ですから、彼らが原理主義的な原則に立ち戻って打開できない膠着状態に陥ったときに、日本がそのクリンチを解きほぐして、その先に進むアイデアを提供する責任があります。

　日本はいままでこういうことをやったことがないのですが、日本は欧米に比べてイスラムからの反感が少ないのです。インドにとってもそうかもしれません。中国

とのあいだには歴史的にいろいろありますが、しかしそれだけ関係が深かったので、中国の国情を十分理解して、中国の国益を国際社会に代弁し、側面から指示していく役割を果たすことができます。逆にアメリカがやりすぎる場合、アメリカの真意を中国に説明することもできるかもしれません。

　こういう国際的な役割を果たしていき、さらに環境技術でさまざまな協力を行なっていく。これが日本の役割ではないかと思うのです。このような課題を自覚して、本書をぜひ読み進んでいただきたいと思います。

II

技術と経済を重視するアメリカ
グリーン・イノベーション政策とワックスマン・マーキー法案に見る、地球温暖化問題への取り組み

野澤聡

●はじめに

　この章では、アメリカ合衆国の地球温暖化への取り組みをみていきます。具体的には気候変動対策法案であるワックスマン・マーキー法案と、オバマ政権が組んでいるグリーン・イノベーション政策を概観することによって、環境問題に対するアメリカの姿勢の特徴を考察してみたいと思います。

　まず、80年代におこったフロンガス対策を通して、アメリカの環境問題に対する姿勢の特徴を簡単に紹介します。

　次に、アメリカで現在進められているグリーン・イノベーションの概要と策定の経緯について見ていきます。あとで詳しく述べますが、共和党政権は環境問題に対して後ろ向きで、民主党政権は前向きであるという単純な対比が行なわれることが多いのですが、実はそうではありません。グリーン・イノベーションはブッシュ政権時代以来、約10年のあいだ議論されてきたものが、オバマ政権になって一定のかたちになったものです。この点は強調すべきところです。

　次に、排出量取引、ないしは排出権取引が盛り込まれているワックスマン・マーキー法案の概要と背景を紹介します。

　ワックスマン・マーキー法案（正式名称／グリーンエネルギー安全保障法案）とは、ヘンリー・ワックスマン

(Henry Waxman)とエドワード・マーキー(Edward Markey)というふたりの民主党議員が中心となって作った法案です。

ワックスマン・マーキー法案の目的は、2050年までに段階的にCO_2(温室効果ガス)を削減するというもので、毎年上限を決めて削減をすすめていき、削減にあたっては、温室効果ガスの排出量を州の間、セクター間、企業間で取り引きすることで温室効果削減の技術に対する投資を活発にしていく、という骨子になっていました。この法案は2009年から議会で審議がはじまり、委員会は通過したのですが、上院下院で意見がわかれ、その擦り合わせが上手くいかず、デッドロックに入ってしまいました。

ワックスマン・マーキー法案は、その成立によって、ヨーロッパや日本で進んでいるような温室効果対策や、日本が中心になってCOP3(気候変動枠組条約第3回締結国会議)で作った京都議定書の枠組みの中にアメリカが戻ってくるだろうと期待されていた法案ではあるのですが、アメリカ国内の政治的状況によって、残念ながら成立の見通しは未だ立っていません。

2009年にスタートしたオバマ政権は、ブッシュの共和党政権よりは、環境問題に対して積極的に取り組む姿勢をみせたのですが、ワックスマン・マーキー法案の審議が暗礁に乗り上げてしまったこともあり、2010

年以降の一般教書演説では、この法案に関する内容をいっさい外してしまいました。つまり、オバマ政権にとっても、ワックスマン・マーキー法案は重要な項目から外れてしまっているというのが現状なのです。

しかし、だからといってこれを無視することはできません。日本やヨーロッパとのハーモナイズや京都議定書の次の気候変動枠組条約を考えると、アメリカがどういう法案を成立させようとしてきたかを見るのは重要なことです。

ちなみにグリーン・イノベーションとワックスマン・マーキー法案はまったく別の経緯で作られたものです。グリーン・イノベーションはアメリカのエネルギー政策と結びついているもので、エネルギー安全保障の枠組みの中に環境対策を位置づけるという考え方でできています。

またここではワックスマン・マーキー法案を紹介しますが、似たような法案はアメリカ国内で繰り返し提示されています。例えば、リーバーマンという共和党議員とウォーナーという民主党議員が合同で気候変動に関する法の枠組みを作ろうとしたリーバーマン・ウォーナー法案というものがありました。超党派ということもあって、成立する可能性が高いだろうと当時は注目されていた法案で、日本でも2008年には、リーバーマン・ウォーナー法案についてのワークショップが開か

れるほどでした。

ところが先ほど申し上げたように、ひとつは大統領選挙があって、アメリカの大統領が変わったことの影響がありました。

また、さまざまな経済社会状況によって、結局この法案も陽の目を見ませんでした。さらに、ワックスマン・マーキー法案に対してケリー・ボクサー法案という法案も提出されています。こういったさまざまな法案が出ては消えを繰返している。ほとんど同じような内容なのですが、どうもアメリカでは議会を通過できないのがいまの状況です。

最後に、気候工学（ジオエンジニアリング）という新しい分野について簡単に触れておきます。アメリカの気候変動対策の特徴はテクノロジー重視ですが、気候工学はその具体的な表れのひとつです。これは、地球を大規模に改変して、気候変動や環境問題に対処しようというやり方です。新しい学問領域、技術の領域としての気候工学を取り上げ、その動きと問題点、議論について紹介したいと思います。

● **アメリカの環境政策の特徴──フロンガス対策を例に**

アメリカの環境政策の特徴をひと言でいうと、テクノロジーを重視するということです。つまり、産業界の意向を強く反映し、自国の産業の利益に結びつくこと

に重きを置いているのです。

　フロンガス対策を例に説明します。1983年に日本の観測チームによってオゾンホールが発見されました。地球の大気の上空にあり、太陽からの紫外線を軽減しているオゾン層が、北極と南極の部分で極端に薄くなり、いわば穴が開いている状態になっていることがわかったのです。このままいくと、21世紀にはオゾン層がさらに薄くなり、特に高緯度地域に住んでいる白人を中心にした人たちに皮膚がんが増加するなど、人類全体に悪影響が出てくることが懸念されました。非常に暗い予測がなされたということです。

　このオゾンホールを作る主要な原因物資がフロンだと特定されました。フロンは冷媒として冷蔵庫や空調機などに使われたり、スプレーの噴霧剤として使われたりしたもので、それが空気中に放出されて上空に上がっていって、太陽の光と反応することによって、オゾン層を分解していたのです。

　そこで、世界的にフロンを規制することが必要だという議論になったのですが、この時に規制を推し進めたのはアメリカでした。実は、フロンがオゾン層を破壊する可能性があることは、1970年代に発見されていて、1970年代の末からは規制が始まっていたのです。けれども当初はフロンによってオゾン層が実際に破壊されているという科学的証拠が不十分だったため、ヨ

ーロッパ諸国や日本をはじめとして世界のほとんどの国は規制に消極的でした。1980年代になると、フロンの全廃に向けて世界規模で規制を推進しようとするアメリカと、より緩やかな規制に止めようとするヨーロッパ諸国や日本との間の対立が激化して交渉は停滞してしまいます。

アメリカがフロンガス規制を推進したのは、環境保護の考えからだけではありませんでした。フロンがオゾン層を破壊するという仮説が発表されて以来、アメリカの企業は、フロンによく似た性質をもちながら、オゾン層を破壊しない化学物質（代替フロン）の開発を強力に推進しました。そして1980年代には商品化できるという見通しをもっていたようです。

停滞していたフロンガス規制交渉を打開するきっかけになったのは、上で述べたオゾンホールの発見です。これによって、フロンがオゾン層を実際に破壊していることが科学的に実証され、世論は一気にフロンガス規制に傾きました。1987年9月には「モントリオール議定書」が締結され、オゾン層を破壊する働きの強い「特定フロン」の生産と消費を全廃に向けて段階的に削減することが決まりました。このときすでにアメリカ企業は、代替フロンの製造を実用化していたのです。

モントリオール議定書の内容が各国で実行に移された結果、現在すでにオゾンホールは修復されつつあり

ます。日本の気象庁などが定期的に行なっているオゾン層の観測によれば、オゾンホールは近年縮小しつつあることが分かってきました。このことは、モントリオール議定書に基づく活動の効果が出ていると考えられています。

フロンガス規制におけるアメリカの態度を振り返ると、技術重視の考え方が見えてきます。アメリカがフロンガス規制を推進した背景には、自国の企業による代替フロン開発を後押しするという意図がありました。つまり、自国の企業が代替フロンに関する知的財産権を確保した上でフロンを禁止し、代替フロンを使用していくという方針を示したのです。これによってアメリカの企業は、いま我々が使っている代替フロンのほとんどを独占することができました。同時に、オゾンを破壊するフロンガスの排出を段階的に削減するという当初の目的も達成しています。ここから想像できるのは、アメリカは決して環境問題を軽視するわけではないけれども、そのやり方は、最初に規制ありきではなく、技術的な準備、そして経済的利益が得られる仕組みをある程度まで整えてから、国際的合意に向かうという順番になっているということです。

このアメリカの姿勢は、このあと見ていくグリーン・イノベーションの政策にも共通するものですし、世界的には主流を占めている法案に近いワックスマン・マ

ーキー法案が受け入れられなかった理由に対するひとつの説明になるでしょう。ワックスマン・マーキー法案は、まず規制の枠組みを作り、それから技術への投資を活発にしていこうというものなので、アメリカのやり方とは相容れないものだったのだと言えるのです。

●米国グリーン・イノベーションの概要

　ここでは、グリーン・イノベーションの概要と、その中における温暖化対策の位置づけを紹介します。

　グリーン・イノベーションはオバマ政権の目玉政策として政権交代直後に発表されたものですが、実はグリーン・イノベーションに含まれている施策のほとんどはオバマ政権が独自に作ったものではなく、政権交代前のブッシュ政権の時代から、具体的には2001年から、アメリカのエネルギー省が約10年をかけて検討してきたプロジェクトの集大成です。

　米エネルギー省は2003年に発表した「未来のエネルギー安全保障を実現するための基礎研究の必要性 [Basic Research Needs to assure a Secure Energy Future]」から、2010年に発表した「エネルギー技術のための科学——基礎研究と産業との間の連携強化 [Science for Energy Technology: Strengthening the Link between Basic and Industry]」までに14の提言書を発表しています。それらを見ると、研究者、国立

科学財団（National Schience Foundation: NSF）などのファンディング機関、およびエネルギー省などの行政機関がチームを組んで、どういうビジョンが必要かということを10年間かけて議論すると同時に、かなり大規模な調査をやり、1600名以上の有識者が参加して計画を策定したことがわかります。その中で、具体的な政策課題として何を目指すべきかの絞り込みと、どのような方法や研究によって課題を実現していくかを両にらみでやってきたのです。

　最初に社会的課題をたくさんの人たちで議論していく。研究の大枠を定める段階で課題を設定したあとに、その課題についてシニア層、つまり研究者のなかでもトップクラスの層を関わらせることによって、さらに練り上げ、社会的課題に対してどのような方策、具体的な研究分野の関与が有効であるかを議論しました。さらにそれを研究コミュニティに落としていって、研究コミュニティの中で具体的にどういった研究の可能性があるかを議論した上で、もう一度シニア層に持ち上げて練り直し、政府、省庁のトップへと上げていき、最終的にひとつの社会目標として、「未来の安定したエネルギー安全保障の実現」という形にまとめられました。この未来の安定したエネルギー安全保障を実現するのに必要なものは、「エネルギーの自立」、「環境の持続性」、「経済機会の創出」という3つの社会課題を解決

することだとされています。

　研究者の側からすると非常に興味深いのは、グリーン・イノベーションを推進するために、エネルギー省の中に3つの研究イニシアティブを設定した点です。研究イニシアティブとは、実証研究や新しい成果を出していく際の核になる仕組みです。

　ひとつは「エネルギーイノベーションハブ」というイニシアティブで、基礎から応用まで一貫して見渡すための組織、仕組みをつくることを目指しています。

　もうひとつは「エネルギーフロンティア研究センター (Energy Frontier Research Center: EFRC)」というもので、主に基礎から応用に行く手前の研究を進めていく場所です。

　さらにもうひとつ、EFRCなどで生まれた研究の芽を、具体的な応用、実証につなげていく仕組みとして、「エネルギー高等研究計画局（Advanced Research Projects Agency: ARPA-E／アーパE)」を作りました。ここは一般企業であればリスクが高くて手が出ないような技術的なアイディアを具体的に実現していくためのファンディングや実証研究をする場所です。

　このように3つの研究イニシアティブの下に、多くの研究プロジェクトを配置することによって研究を推進し、ひとつの大きな政策目標である未来の安定したエネルギーの実現に結び付けていくかたちになっています。

ARPA-Eのような仕組みは、日本にもヨーロッパにもない、アメリカ独特のものだと言われています。しかも、独特であるだけでなく、アメリカの競争力の源として注目されています。というのは、もともとARPAという体制はアメリカの防衛のための技術である国防高等研究計画局（Defense Advanced Research Projects Agency: DARPA）を応用したもので、そこではリスクの高い研究を推進しています。

　現代において、政府が研究に対してお金を出す場合には、「ピア・レビュー」という仕組みを使うのが一般的です。ピア・レビューとは、研究分野の人がいちばん研究のことがわかっているのだから、研究コミュニティのなかで評判の高いものに対してお金をつけましょうという仕組みです。ヨーロッパや日本では合理的だとされているのですが、これには弊害もあって、研究コミュニティが自分たちの欲しい研究ばかりにお金を使うことになってしまって、政府や世間一般の人たちが欲しい研究に結びつかないということが、かなり前から指摘されています。

　一方アメリカのARPAは、ピア・レビューを使わずに、ARPAの中で研究計画を審査する部門が、リスクが高く失敗するかもしれないけれども、成功した場合には社会的に大きなリターンを望める研究に対して、資金を配分しているのです。これは「メリット・レビュ

ー」と呼ばれています。もちろん失敗も成功もあるのですが、ひと言でいうと、アメリカには失敗を許容する文化とそれを可能にする仕組みがあるということです。ピア・レビューの場合は、一度失敗してしまうと次から予算が付かなくなってしまうのですが、ARPAの場合は、そういうことはありません。ちなみに、環境に限らず科学研究全体に広く資金を提供している米国国立科学財団（NSF: National Science Foundation）も、この「メリット・レビュー」という資金提供方法を採用し、ハイリスク・ハイリターンの研究を推進しています。

　もうひとつ、グリーン・イノベーションの中で計画されているさまざまな研究施策を決めるにあたって、研究者と行政のあいだの協力体制が必要です。政府がある技術的な課題の解決を研究者に依頼する場合、研究者は自分のやりたい研究をやろうとして、申請書などを政府に都合のいいように作文をすることも多くあります。ところが、そういった研究は政府の当初の目的からはずれたものになります。研究者の側からすると、政府は単に資金を提供するだけであって、自分の研究成果がどう使われようとあまり関心を持たないのですが、それでは政府としては困るわけです。社会の中でどう実現していくかというところまでいかず、ただ単に技術として実現したところで、それをどう使うかがよくわからないからです。

そこでアメリカは、実際にグリーン・イノベーションに含まれるさまざまなパッケージを議論していくときに、実際に研究コミュニティに行って、「我々はこういうことをしたいんだ」と対話を行ないました。そのときに、優れた研究者の中で自分たちのプログラムの核心部分をきちんと理解してくれた人をどんどん巻き込んでいき、その人たちにパイロット的に資金を提供して研究ワークショップを開き、さらにそこに研究者たちを巻き込んでいきました。つまりグリーン・イノベーションでは、やる気があって政策の方向性を理解する人たちを巻き込んでいく仕組みが、かなり意識して作られているのです。一般的に行なわれている、資金提供によるコントロールではなく、さらに一歩すすんで、核となるチームの構成まで行なうことで、研究者たちが単に末端にいる存在でなく、自分たちが関わる研究がどこを向いて、何のためにやっているのかを議論する場にも加わるようになりました。

先に見たように、グリーン・イノベーションは、「エネルギーの自立」、「環境の持続性」、「経済機会の創出」という3つの社会課題を解決することを通じて、未来の安定したエネルギー保証の実現という社会目標を達成しようとしています。では、温暖化に関する研究はどのように位置づけられているのでしょうか。

ひとつの大きな柱は「炭素管理」というものです。

炭素管理とは、温室効果ガスのなかで最大の原因である二酸化炭素を捕捉して地中や海底に封じ込める、炭素回収貯蔵（Carbon Capture and Storage: CCS）といわれる技術のことです。

人間が排出した二酸化炭素の温室効果によって地球が温暖化しつつあることは、IPCC（気候変動に関する政府間パネル）から2007年に発表された第4次報告書などさまざまなかたちで確認されていることですが、アメリカはそれを受け入れていないというのが世間的な評判です。しかしグリーン・イノベーションを見ると決してそうではなく、アメリカもやはり二酸化炭素が温暖化の主要原因である可能性が高いと認識していて、かつそれに対する技術的な解決策を求めていることがわかります。アメリカは、炭素管理に対してかなりの額の資金を投資して、技術開発をしているのです。

さらにいうと、アメリカが炭素管理に積極的な理由は、石炭をエネルギー資源として活用しようと考えているためです。一般的に石炭は化石燃料のなかで特に大気汚染や二酸化炭素の発生量が多いと言われていますが、今後ある程度の期間、人類は石炭に頼らざるを得ないとアメリカは考えています。また、石油は埋蔵量が限られていて将来的に安定的に使えるものではないとわかってきていますが、石炭はあと150年程度使うことができるとされており、石炭をなんとか活用でき

ないかという研究をしているのです。

●アメリカにおける排出量取引制度の概要

いわゆるワックスマン・マーキー法案の正式名称（略称）は、「アメリカクリーンエネルギー安全保障法案 [American Clean Energy and Security Act of 2009]」というものです。ワックスマン・マーキーというのは、法案作成の中心になった二人の民主党議員、エドワード・マーキーとヘンリー・ワックスマンから取られたもので、内容を簡単に言うと、温室効果ガスとして7種を特定し、これらの排出を段階的に規制していくことを目指す法案です。ただしこれは、ほかの温室効果ガスが見つかれば、エネルギー省長官の権限で追加が可能だという条項もあります。

この法案には産業カバー率という項目があり、2016年以降のアメリカの温室効果ガスの排出量の84.5％、つまりほとんどすべての部門を例外なくカバーすることが予定されています。これは現在日本やヨーロッパで行なわれている温暖化対策に比べて、かなり野心的な目標数値です。

次に対象の部門と時期ですが、さまざま配慮がなされています。

まずエネルギー部門、つまり発電をするところは、2008年以降に液化燃料が対象となり、2012年からは

すべてが対象になっていました。ただし天然ガス供給会社については猶予が与えられていて、2016年から適応対象になっていました。

産業部門についても、先ほどの7種類のガスについては2008年から規制するということだったのですが、実際には2012年からの規制となっていたようです。中には2014年から対象になる分野もあり、それぞれの産業に考慮していました。ここがこれまでの法案と違うところで、産業に対して影響がなるべく少ないように猶予期間を設けているのです。

この法案の野心的なところは削減目標の数値にも現れています。ワックスマン・マーキー法案の中で想定されている削減値のグラフがあるのですが、2005年に対して、2012年にまず3％、2020年には20％、2030年には42％、2050年には83％も削減するというのです。日本やヨーロッパの法案には、最初から年次を追って削減キャップを明記している法案はありません。

たとえば、日本では、2007年に当時の安倍首相が「美しい星50(Cool Earth 50)」という提言を行ないました。これは、世界全体の温室効果ガス排出量を現状から2050年までに半減するというビジョンを示したものですが、ワックスマン・マーキー法案のように具体的な削減計画は盛り込まれていません。2009年には当時の鳩山首相が、日本の温室効果ガス排出量を、2020

年までに1990年比で25%削減するという中期目標を発表しました。このときも具体的な削減計画が策定されていたわけではありませんでした。

ヨーロッパでは、2011年に欧州委員会が発表した「2050年に競争力のある低炭素経済へ移行するためのロードマップ［A Roadmap for moving to a Competitive Low Carbon Economy］」という文書の中で、2050年までにEUの温室効果ガス排出量を1990年比で80から95%削減するという長期目標と、その目標を実現するためのロードマップを示しています。この文書には、2030年と2050年における温室効果ガスの削減目標が、電力、産業、運輸、家庭・業務、農業、その他の各部門別に示されていますが、ワックスマン・マーキー法案のように具体的な削減計画が策定されているわけではありません。

毎年の削減目標を決めているのは、排出量の取引を行なわせるためです。二酸化炭素などの温室効果ガスの取引を行なうことによって、より早く削減ができた部門が、より有利になるようにし、それによって社会全体として温室効果ガスの排出削減技術が進むことを意図しているのです。これを「キャップ・アンド・トレード（cap & trade）」と言います。

各企業に割り当てられる排出量には、無償割当と有償割当があります。無償割当は、排出削減規制の影響

が大きいと考えられるエネルギー部門などに対して、一定の排出量が無料で割り当てられることになっています。有償割当は、排出枠の価格をオークション（競売）で決定するもので、年に4回行なわれることになっています。

　排出量取引は、日本ではまだ試験的にしか実施されていないのですが、ヨーロッパでは2005年から、「EU排出量取引（EU Emission Trading System: EU-ETS）」という名称で運用が始まっています。ヨーロッパでは、産業界にショックが小さいようにと、当初は全て無償割当にしました。その結果どうなったかというと、最初に非常にゆるい枠組みを作ってしまったために、逆に企業にとっては「排出し放題」になってしまったのです。現時点では、排出量の割当を最初から有償にする方針への転換はできていないようです。

　ワックスマン・マーキー法案の排出量取引や割当の仕組みは、ヨーロッパの排出量取引の仕組みであるEU-ETSを参考に作られたものです。アメリカがヨーロッパの仕組みを取り入れたことには背景があります。アメリカのいくつかの州は、すでにヨーロッパの排出権取引の枠組みに直接参加しているのです。ワックスマン・マーキー法案を作った人たちは、ヨーロッパの排出権取引の仕組みが世界的に普及するだろうと考えていました。また、アメリカも早くその仕組みに参加しな

いと、排出量取引の枠組みの中で利益が上げられなくなってしまうのではないかというビジネス界からの要望もあり、法案の成立が急がれたという事情もありました。

　逆に言うと、ヨーロッパがなぜ他に先駆けて、ある意味ではフライング気味にゆるいかたちの排出量取引の枠組みを作ったかというと、規制の枠組みを早く作ることによって、そこからビジネスチャンスを得ようとしたからだと言えます。規制の枠組みを作ると、その規制を調査したり検証したりするための人員も必要になるので、雇用を生み出すこともできます。アメリカの技術主導のやり方と対比させると、ヨーロッパは規制の枠組みを先行的に作り上げて、そこに他の国を参加させることによって、先行者の利益を得ようという戦略をとっているわけです。

　しかし、ヨーロッパの排出量取引は2008年に始まった第二期から本格稼働すると言われていたのですが、温室効果ガスの買い取り価格が下落してしまって、市場の取引は停滞しています。もともと市場の取引というのは、産業を育成・活性化させるとともに、そこで生み出された資金を使って、温室効果ガスの排出減に結びつけていこうという意図があったのですが、その仕組みがうまく回っていないのです。

　ヨーロッパでの排出量取引がうまくいってない理由

のひとつは、第一期（2005年から2007年）の枠組みを非常にゆるいものにしたことです。EUとしては、第二期（2008年から2012年）から制度を本格稼働させるために、各企業が整備して、排出量取引市場が動き出す準備をして欲しいという考えで、大企業の製造部門にもほとんど被害がない程度の枠組みを作成したのです。最初のうちは補助金の仕組みなどもあって、取引価格が高い水準で動き、市場が回りだしたように見えたため、アメリカも制度作りを急いだという状況がありました。

ところがリーマンショックの少し前から、取引価格が下がってしまった。しかも下がったまま上がらない。理由はさまざま考えられますが、ひとつは、EUの外から排出枠を買ってきたり、逆にEUの外に売ったりというのが、まったく野放しになってしまったことです。EUの域内だけならばうまく機能したかもしれないのですが、域外との取引を管理する仕組みがなかったため、EUから産業がどんどん出て行く結果になってしまいました。

つまり、EUの域内では排出量はどんどん小さくなり、取引もどんどん減っていくけれども、排出量そのものの削減には結びつかなかったのです。そして、取引額と取引量が低迷し、市場自体の停滞が生じてしまった。さらにそこにリーマンショックがあり、ヨーロッパ自体

の投資の仕組みがかなり打撃を受け、次の枠組みをきちんと作ることができなかったと言われています。

　アメリカのワックスマン・マーキー法案は、EUの排出量取引を参考とした上で打ち出された部分があるので、域外、つまりアメリカの外との取引についても配慮があります。また、オフセットという、排出量そのものは減っていないけれども、トータルとして見ると排出量を減らす仕組みに結びついているものも温室効果ガスを削減したものと見なすルールもあります。

　たとえば、バイオ燃料の生産は排出量が減少することに直接結びつくわけではありませんが、バイオ燃料を生産する段階で、植物が二酸化炭素を吸収する効果があります。この部分で排出量を削減したと算定するのが、オフセットという考え方です。また、先ほど説明した二酸化炭素の回収貯蔵（CCS）も排出量削減に加えることが明記されています。

　つまり、この法案は先行する事例を検討して作成されているので、域外のものを取り入れる仕組みと、排出ないし二酸化炭素を吸収するさまざまなものを枠内に組み入れていく仕組みを備えているという点で、注目に値する法案だということです。

　ワックスマン・マーキー法案には、あらかじめ定められた削減義務を履行しなかったり、報告義務を怠ったりした場合を想定した罰則規定が用意されています。

まず、どれだけ排出したかの報告書を出さなかった場合は、排出量取引の対象となる範囲で想定しうる最大の量を排出したと見なす、つまりキャップの上限まで出してしまったと見なすというペナルティがあります。それ自体は法律違反ではないのですが、本来ならば排出量取引できる分の権利を奪われてしまうということです。

　キャップを超過して、十分な排出枠を償却しない、つまり他から排出枠を買ってこない場合は、不足した排出枠に対して、そのときの取引価格の2倍の罰金を課す重加算方式のペナルティがあります。しかも不足した排出枠の償却義務は免除されないので、実質的に3倍という、かなり大きな罰が与えられるのです。

　先に見たヨーロッパの排出量取引でも、2013年から始まる第三期以降では、削減義務を履行しなかったり、報告義務を怠ったりした場合の罰則が強化される予定です。けれども現状では、キャップを超えて排出した場合でも、有効な罰則規定は設けられていません。

　では、このワックスマン・マーキー法案は現状どうなっているのでしょうか。2009年に提出された法案は上院の委員会を通過して、当時非常に注目されたわけですが、共和党が優位な下院では通りませんでした。先に述べたように、市場が停滞してしまったヨーロッパの状況をにらんで、あまり急ぐ必要はないと判断し

たのも、法案の審議が停滞してしまっている理由のひとつでしょう。さらに、ワックスマン・マーキー法案によく似た「ケリー・ボクサー法案」という法案も議会に提出されました。ケリー・ボクサー法案の正式名称（略称）は、「Clean Energy Jobs and American Power Act」といい、法案作成の中心人物であるジョン・ケリーとバーバラ・ボクサーという二人の上院議員にちなんでいます。ケリー・ボクサー法案にはワックスマン・マーキー法案と若干相違はあるものの、どちらが通ってもそんなに違いはないというところが逆に問題で、それぞれに妥協してひとつの法案に取りまとめることに失敗した結果、どちらも通らなかったのです。これが2009年から2011年のあいだに起きたことです。

　その結果、2012年の一般教書演説で、ワックスマン・マーキー法案やケリー・ボクサー法案のような排出権取引に関する法案は、オバマ大統領の演説から外れてしまいました。オバマ政権の課題から一歩退いてしまったというのが現状なのです。2013年1月におこなわれたオバマ大統領の二期目の就任演説や、同年2月におこなわれた一般教書演説の内容を見る限りでは、（排出量取引導入の必要性を窺わせる文言が見られるものの）温暖化問題に対するアメリカの政策は先に述べたような、研究開発を重視する方向性がますます強化されており、ワックスマン・マーキー法案のように、規制を重

現する政策は、当面は成立しにくい状況にあるのではないでしょうか。

●おわりに

　最後に、最近アメリカを中心に急速に研究が進みつつある気候工学について簡単に述べておきたいと思います。

　気候工学とは、人工的に気候変動を起こし、地球環境を人間にとって住みやすい方向へ変えていく技術のことです。気候工学には大きく分けてふたつの手法があります。ひとつは「二酸化炭素除去（Carbon Dioxide Removal: CDR）」です。これは、大気中から二酸化炭素を取り除くことによって、温室効果が強くなり過ぎないようにしようというものです。植林やバイオエネルギーの利用もそのひとつですが、大気中から二酸化炭素を直接回収する装置を開発しようという研究も進んでいます。また、海中に二酸化炭素を貯蔵しようという研究も進められています。さらに、海洋に栄養を投入することによって海洋生物を繁殖させて、二酸化炭素を吸収させようというアイディアも検討されています。

　もう一つの手法は「太陽放射管理（Solar Radiation Management: SRM）」です。これは、太陽入射光を減少させて、気温の上昇を抑えようというものです。た

とえば大気中に硫黄をまいて大気を曇りの状態に近づけて太陽光線を減らしたり、地球表面に白いもの、あるいは逆に黒いものを撒いて、太陽光線の吸収量を調節したりする技術などが研究されています。また、地球の周りに多量の鏡を配置して太陽光線を調整するなど、突飛とも思えるようなアイディアも研究されています。

　もっとも、現時点ではこうした研究を大々的に進める環境は整備されていません。たとえば、海中に二酸化炭素を貯蔵することは、小規模な研究を除いて禁止されています。その一方で、太陽放射管理に関する研究については、研究の進め方や規制の仕方についての検討が始まったばかりです。こうした研究については、そもそも研究として筋のいいものなのか、大きな危険の可能性はないのかといった批判もあります。これは一部の人々だけが反対しているというわけでなく、研究コミュニティの中でも、大々的に推進すべきか、それとも生殖医療のようにある種の制限をかけるべきなのかという議論があります。このため、アメリカの連邦全体として気候工学に取り組むところまではいっていませんが、中にはいくつか有望な構想もあり、グリーン・イノベーションの次の芽として浮上する可能性もあるものです。

　その中でひとつ有望なものを紹介しましょう。空気

中から二酸化炭素を直接回収する装置を作って砂漠や山岳地帯に並べて「人口の森」を作ろうというものです。この装置で回収した二酸化炭素を別の回路を使って分離して、分離した二酸化炭素は地中に埋めるなりして処分していく仕組みです。

この人口の森を地球上に一千万本程度配置すると、大気中の二酸化炭素を正常な値に近づけることができるという試算が出ています。また、この5年ほどの間に研究も進み、既にベンチャー企業もできていて、コスト計算の段階まで来ています。

これまでは、大気中に出てしまった二酸化炭素をふたたび集めて除去することは不可能だろうと思われていたのですが、このベンチャー企業では小規模ながら実現しているのです。こういった技術にARPAのような機関が注目して、本格的に研究・開発を進むようなことがあれば、アメリカがフロン対策のときのようにこれまでの態度を急激に変えて、温室効果ガス対策に積極的になる可能性もあります。

繰り返しになりますが、アメリカのやり方は一貫していて、技術開発に対して大きく投資し、自国の産業に利用できる状況を整えてから、地球環境問題に対して切り込んでくるのです。

このようなアメリカのやり方に対しては、批判的な見方も少なくありません。科学や技術がもたらすメリット

ばかりを追究し、デメリットへの対応を軽視しているのではないか。自国の産業の利益を優先するあまり、国際的な合意形成を軽視しているのではないか。知的財産権を強調することによって、先端の科学や技術の研究成果を独り占めしているのではないか。経済的利益を優先して、生命や健康、環境などに関する倫理的社会的問題を軽視しているのではないか、などです。こうした批判が当てはまる場面もあります。とくに温暖化問題では、アメリカは京都議定書から離脱したままであり、新たな温暖化対策の国際的な枠組み作りにも消極的に見えます。

　けれども、問題解決のための技術開発に投資して実用化し、その技術から経済的利益を得つつ問題解決を図ろうとするアメリカのやり方に一定の合理性があることは否定できません。フロンガス対策の成功は、その顕著な実例ということができるでしょう。

　また、アメリカでは、科学や技術がもたらす倫理的社会的影響を研究する「ELSI」(エルシー、またはエルサイ) と呼ばれる分野が発展しています。「ELSI」は「Ethical, Legal and Social Implications / Issues」の略語で、人間の遺伝子情報解明を目指した「ヒトゲノムプロジェクト (Human Genome Project: HGP)」(1990-2003年) とともに誕生しました。その際、HGPの予算の3%程度がELSI研究に割り当てられたのです。

これは、実験装置を必要としない人文・社会科学の分野にとっては非常に巨額の研究資金でした。こうした豊富な研究資金に助けられて、ELSIは急速に発展することになりました。現在でも、ナノテクノロジーなど、倫理的社会的に影響が大きいと考えられる先端科学・技術の研究開発分野では、予算の3％程度がELSI研究に割り当てられています。

　この章で概観したように、地球環境問題に対するアメリカの取組には批判も少なくありません。けれども、解決すべき問題をビジョンとしてまとめ上げて先端の科学・技術の研究と結び付ける制度や、ELSI研究の推進など、諸外国のモデルになるような先進的な側面もたくさんあります。我々に求められているのは、アメリカの取組に学びつつ、さらに優れた制度や研究を考案・実行することによって、問題を解決することなのです。

●参考文献

スペンサー・R・ワート『温暖化の〈発見〉とは何か』増田耕一・熊井ひろ美訳、みすず書房、2005年

村山隆雄「オゾン層保護の歴史から地球温暖化を考える――「モントリオール議定書」20周年、「京都議定書」10周年に寄せて――」『レファレンス』第686号（2008年3月)31-52頁

浅岡美恵（編著）『世界の地球温暖化対策――再生可能エネルギーと排出量取引』学芸出版社、2009年

杉山昌広「気候工学（ジオエンジニアリング）に関する文献調

査」電力中央研究所、2010年2月

独立行政法人科学技術振興機構研究開発戦略センター　政策システム・G-TeCユニット『G-TeC報告書：課題解決型研究と新興・融合領域への展開』2010年9月

米本昌平『地球変動のポリティクス――温暖化という脅威』弘文堂、2011年

独立行政法人科学技術振興機構研究開発戦略センター　海外動向ユニット『G-TeC報告書：先端研究基盤とグリーンイノベーション』2012年3月

独立行政法人科学技術振興機構研究開発戦略センター『主要国の科学技術情勢』丸善プラネット、2012年

Kelsi Bracmort, Richard K. Lattanzio, "Geoengineering: Governance and Technology Policy," CRS Report, Jan. 2, 2013.

III

低炭素経済を創る
イギリスの気候変動法

池田和弘

●スターン報告

　2006年10月30日、イギリスの首相と財務大臣のもとに一本のレポートが提出された。正式名称『気候変動の経済学 [The Economics of Climate Change]』。イギリスの経済学者ニコラス・スターン卿 [Sir Nicholas Herbert Stern] を中心に作成されたことから通称「スターン報告 [Stern Review]」と呼ばれている[出典▶1]。

　600ページを超えるこの大部の報告書は、温暖化を中心とする気候変動への対策について、「科学的であること」と「政策提言すること」を両立させるように作られた点に特徴がある。そのため、正式名称も「～の報告」ではなく「経済学」となっている。

　報告書の言葉で言えば、報告書の前半で「気候変動に伴なう経済的影響に関する知見を検証するとともに、大気中の温室効果ガスを安定させるために必要なコストを検討」し、後半で「低炭素経済へどのように移行させるのか、および、もはや避けることのできない気候変動の影響に対して我々の社会はどのように適応していくのか、に関する複雑な政策課題を検討」する。

　経済学を梃子にして、科学的な知見を政策へ、あるいは、国そのものの設計へとつなげていく。そうした強い意志が感じられるからこそ、スターン報告はイギリ

スを超えて広く世界中に影響を与える文書となった。

　もちろん、書かれた内容も重大であり、また、きわめて論理的である。重要なポイントをトレースしてみよう。

　現在の温室効果ガスの大気中濃度は二酸化炭素換算でおよそ430ppmのレベルにあるが、年間の温室効果ガス排出量を今後現在のレベルで安定させたとしても、2050年には550ppmに達するとみられる（ppmは主に濃度を示すための単位で、100万分の1にあたる）。これは地球上の気温が77％の確率で2℃以上上昇する量に相当する。当然ながら、影響も大きい。特に、アフリカにおける穀物収量の減少は、数億人が必要最低限の食料を生産できないか、あるいは購入できなくなる恐れがある。

　もし二酸化炭素換算で450〜550ppmに安定させることができれば、気候変動による影響は実質的に減少する。しかし、現在の値が430ppmであり、しかも毎年2ppmずつ増えているため、2050年までに少なくとも25％、究極的には現在のレベルの70％以下に達することが必要である。

　では、対策コストはどのぐらいになるのか。何も行動しない場合に発生するコストは全世界の一人当たり消費額の平均に対しておよそ5％程度になり、広い範

囲のリスクや影響を考えると20％を超えると予測される。しかし、もしここで行動にうつすのなら、コストはおおむねGDP比で1％に抑えられる。

　ただし、これをコストと考える必要はない。むしろ、気候変動へ行動を起こすことは大きなビジネスチャンスでもある。たとえば、低炭素エネルギー技術や低炭素商品、そして、そうした技術や商品をやりとりするサービスの市場が生まれるだろう。温暖化を緩和するか、それとも、成長と発展を促進するかといった二者択一をする必要はない。

　そうした低炭素市場を促進するために、政府はまず炭素に価格をつけるべきである。そうすれば、炭素税や排出量取引、排出量規制を通じて、人々が自らの行動によって生じるにもかかわらずこれまで負担してこなかった、いわゆる「社会的な費用」を支払うようになる。

　もちろん、短期的には一般の消費者が現在享受している商品やサービスの価格は上がることになるが、強力な政策によるイノベーションによって技術の選択肢をより多く増やしていけば、低炭素技術が成熟するにつれて、結果的には消費者が支払う費用を低減できるようになる。

　以上がスターン報告のおおまかな内容である。たし

かに数字や計算がところどころに取り入れられていて、なるほど経済学という感じがするが、この報告書の衝撃はそこではない。気候変動という人類の歴史上まれにみる重大事件を前にして、経済学に裏づけられた国家戦略、世界戦略が展開されていること、一般消費者でもあるイギリス国民の前で「低炭素経済」という理念を掲げて国を導くその意志にこそ魅了される。

　気候変動に対するイギリスの挑戦はすべてこの意志に導かれる形で始まった。

●**気候変動法と炭素予算**

　スターン報告が打ち出した低炭素経済の理念や制度設計を具体化するために、イギリス政府は世界初の「気候変動法 [Climate Change Act] 2008」の整備に着手した [出典▶2]。正式に法律になったのは2008年11月26日である。こちらもスターン報告に劣らず大部のもので、6部101か条及び附則8から構成されている。具体的に章立てを挙げると、次のようになっている。

> 第1部　温室効果ガス排出量削減目標と炭素予算（第1条～31条）
> 第2部　気候変動委員会（第32条～43条）
> 第3部　取引制度（第44条～55条）
> 第4部　気候変動の影響と気候変動への適応

（第56条〜70条）
第5部　その他の規定（第71条〜88条）
第6部　一般の規定（第89条〜101条）
附則

　中心となるのは主に第1部と第2部である。まず、イギリス全体での温室効果ガスの削減目標を決め（第1部）、この法律に関する助言や監視をする組織として気候変動委員会［The Committee on Climate Change］を創設する（第2部）。それぞれについて詳しくみてみよう。

　スターン報告では2050年までに少なくとも25％、究極的には現在のレベルの70％以下に達することが必要であると書かれていた。これを法制化するにあたって条文の一番始めの第1条に2050年の目標値を掲げた。他のすべての条文はこの第1条を達成するためにあると言っても過言ではない。その値は1990年比で80％減。もともとイギリスは京都議定書の段階で1990年比にして12.5％の削減を受け入れていたが、1999年にはすでにその目標をクリアしていた。それを考慮に入れたとしても、80％減はよく言って野心的、穿った見方をすれば国際的な覇権を睨んだ口先だけの言葉のようにも思える。いやいや、とんでもない。この国は大真面目なのだ。

日本人の目からすれば無謀とも言えるその目標値を実現するために、2050年の目標を定めたすぐあとに、炭素予算［carbon budget］という考え方をいれている（第4条）。重要なので条文ごと挙げておこう。（条文の日本語訳は、岡久2009「英国2008年気候変動法」を参考にした［出典▶3］。岡久2009では［carbon budget］を「炭素割当」と訳しているが、文字通り「予算［budget］」と訳した方が法律の仕組みを理解しやすい。なお、駐日英国大使館のウェブサイトでは「カーボン・バジェット（排出上限）」と訳されている。）

　　第4条　炭素予算
　(1) 次のことを主務大臣の義務とする。
　　(a) 2008～2012年の期間を最初とする5年の期間［予算期間budgetary periods］ごとの、イギリスの炭素排出限度［炭素予算carbon budget］を設定し、
　　(b) 予算期間におけるイギリスの炭素排出量が炭素予算を超えないようにすること。

　ふつうは予算と言えば国が1年間に使えるお金の量のことを指すが、ここでは国内で1年間に排出できる炭素の量を5年ごとにまとめて「予算」として組んで、それを超えないように法的な義務を課している。こう

いう形で「予算」という言葉を使うのは今までに聞いたことがない。では、予算というのは単なる比喩なのかというと、実はそうでもない。この国は本物のお金とまったく同じように炭素を扱おう、いや、扱うべきだと考えているのだ。つまり、予算という言葉をあえてここで使ったのは、お金の国家予算と同じように、予算を超える炭素の排出を続ければいつかは国が破綻するということを国民にはっきりと示すためである。80％削減という数字だけではなんとなく口先だけのように思えてしまうが、この「予算」の仕組みがあるからこそ、イギリス国民が自らの生き死にをかけた戦いに挑もうとしているという強い意志、そして強いリーダーシップを感じる。だからこそ、新しい時代の覇権をねらっているとも言えるわけだ。

　また、予算だと考えることによって、ほかにも面白い仕組みを組み込むことができる。たとえば、予算期間の前後で炭素予算の貸し借りができる。お金が貸し借りできるように、炭素も貸し借りできるように作ったのだ。貸し借りというよりは、借金と貯金と言ったほうが分かりやすいかもしれない。これも条文をみてみよう。

　　第17条
　　(1) 主務大臣は、ある予算期間の炭素予算の一
　　　　部をそれより前の予算期間に繰り戻すこと

[carry back] ができる。後の期間の炭素予算は減らされ、前の期間の炭素予算は繰り戻された分だけ増える。
(3) 主務大臣は、ある予算期間の炭素予算が当該期間の炭素排出量を超えた分の全部または一部を、後の期間の炭素予算に繰り越すこと [carry forward] ができる。後の期間の炭素予算の総量は繰り越した分だけ増える。

　ただし、貯金（繰り越し）はいくらでもしてよいが、借金（繰り戻し）は借りてくる未来の炭素予算の1％を超えることはできない。家計でもお金の国家予算でも予算をオーバーしてでもどうしても出費をしなくてはならないときがある。炭素も同じだ。たとえば、国内が深刻な不況に見舞われたときには、大規模な公共投資を組んで経済を建てなおさなくてはならないかもしれない。大きな公共投資は必ず炭素排出量の増加を招くし、2050年までの間にそんなことが一度もないとは言い切れない。いやむしろ、いつ来るかはともかく40年もの時間があれば、必ず一度や二度の不況はある。そんな場合でも炭素予算全体の仕組みが破綻しないように、貸し借りができるようになっているのである。実にうまい仕組みだ。
　だが、物入りのときがあるということを認めてしまえ

ば、当初の計画から少しずつ少しずつずれていってしまうのではないか。赤字国債の増発を続けているうちに少しずつ国家が大きくなって最後は収拾がつかなくなってしまうように、なし崩し的に炭素予算が膨れていってしまうのではないか。そんな疑念も湧いてくる。

　それを防ぐ仕組みとして、気候変動法は2020年目標を利用している。第5条には2020年を含む炭素予算は、最低でも1990年基準で26％低下することを義務づけている。だから、たとえ2015年に借金をして、翌々年の2017年にまたもや借金をしても、2020年には26％のラインを通過しないといけないわけだ。

　5年毎の予算という形で炭素の排出量に制限をかけて、目標期間の終点に2050年の80％減を、1/4地点に2020年の26％減をおく。そうすることによって、低炭素経済への道を作りながらも、貸し借りの仕組みも取り込んで、破綻しないようにうまくやっていけるようにする。ここからはそうしたイギリスの成熟した政策技術がうかがえる。

●気候変動委員会によるコンサルティング

　もちろん、この仕組みが絵に描いた餅になってしまってはまずい。そこで、あらかじめ同じ法の中に助言と監視をするシステムも書き込んだ。それが気候変動委員会［The Committee on Climate Change］である。

気候変動委員会は第2部と附則1によって創設される独立公共団体で、主務大臣への助言と議会への目標達成状況の報告をその役割としている。

主務大臣が任命した委員長のほかに5～8名の委員で構成されると規定されており、2013年3月現在で言えば、長きにわたり環境大臣を務め国際交渉における経験が豊富なジョン・ガマー[John Gummer]を委員長に、世界銀行出身のデヴィッド・ケネディ[David Kennedy]をはじめとする経済学、工学系の教授クラスの研究者8名で構成されている。

気候変動委員会の役割のうちもっとも大きなものが、第1部の炭素予算に関わる広範な部分について助言することである。その中には目標レベルに関する助言も含まれており、委員会が設立された2008年12月1日の当日に、2020年目標に関する助言を早くも発表した。それによると、現在の気候変動法では2020年目標は26％とされているが、これを少なくとも34％に、排出削減に関する国際的な取り決めが成立した場合には42％に引き上げるべきだとしている。

また、5年毎の炭素予算のレベルを助言するのもこの気候変動委員会の役割である。これも設立の日と同時に提出された『低炭素経済の確立[Building a Low-Carbon Economy]』という報告書の中で、2008～2012年、2013～2017年、2018～2022年の始めの3

つの期間の炭素予算レベルをそれぞれ1990年比で22％減、28％減、34％減にするべきだと助言した［出典▶4］。年度で言えば、1年あたりおよそ1.7％の減少に相当する。このうち、2020年を含む第3予算期間の値は先ほどの2020年目標と合致した値となっていて、各炭素予算は数値をそのままに2009年に法制化された。

　この報告書もスターン報告に劣らず、500ページを超える大部のものである。気候変動委員会はこうした大部の報告書を発足から4年を過ぎた現在までの間に20本も発表している。毎年の議会への報告義務だけではなく、船舶や航空はどうするのか、エネルギー政策はどうあるべきか、気候変動政策の進捗具合はどうなのか。今、イギリスはどのような状態にあるのか。現状認識から目標値の設定、そして評価まで。スターン報告に始まる科学的な報告書群がイギリスの気候変動政策を支えている。いわば、イギリスは国内に独自のIPCCを作ったのである。

　国際版のIPCCは周知のとおり、科学的な分析と助言はできるが、具体的な政策提案はできない。各国の利害関係が複雑に絡み合っているため、つっこんだことは言いにくいのだ。それに対して、イギリス版のIPCCである気候変動委員会は科学的な分析から政策提案、事後的な評価までをこなす上に、科学的な分析の多くは国際版のIPCCに頼ることができるため、政策

提案の視点から全体を見渡すことができる。そしてその分だけ、政府は安心して政策提案を個別の政策へと具体化していくことができる。大変効率のよい役割分担である。

このように、気候変動委員会は気候変動法によって設立された小委員会という類のものではなく、気候変動法に専門特化した巨大なコンサルティング会社だと考えたほうがよい。イギリスの法は法の世界だけでぐるっとまわるようにはそもそもできていない。データを集める現場の科学者がいて、スターン報告が経済学を用いて方向性を出して、それを元に大枠を作るのが法であるならば、法の中身自体は極めて柔軟に、法の中に書き込まれた別の団体が助言をし、最後に政府が個々の政策へと具体化する。法ですべてを決めてしまうのではなく、もう一段深い制度の中に法を埋め込んでいく。あえて言えば、気候変動法はそうした制度を作り出す触媒 [medium] なのだ。

●**低炭素移行計画**

政府は気候変動委員会の助言を受けて、1990年比34%減を達成すべく具体的な政策プラン『英国の低炭素経済への移行計画 [The UK Low Carbon Transition Plan]』を2009年7月に発表した [出典▶5]。驚くべきことに、この政策プランの概要部は日本語で読める。駐

日英国大使館のウェブサイトからダウンロードできるので、ぜひ行ってみてもらいたい。

　その概要部の冒頭には、「この計画は2020年に2008年レベルで18%の排出削減をもたらす」と書かれている。注目すべきは1990年でも2005年でもなく、2008年を基準に「語った」ということである。誰に? もちろん、イギリス国民にである。だから、これは必ずしも基準年を2008年に変更したということではなく、イギリス国民が自分たちの問題として考えるように、あえて2009年時点での直近の値を使ったと考えたほうがよい。もちろん、2008年比18%減は1990年比34%減に相当する数字である。

　大枠を決めていた気候変動法とは違い、低炭素移行計画は事例やデータに即してより具体的に、どのように低炭素経済に移行するかが書かれている。

　もっとも特徴的なのは、お金の予算と同様に各省庁が自らが管轄している部門の炭素予算の配分をはじめに出していることだ。具体的にみてみると、2018〜2022年の第3予算期間における配分は、エネルギー・気候変動省がもっとも大きくて53%、交通を管轄している運輸省が18%、環境・食糧・農家省が14%、ビジネス・企業・規制改革省が7%、コミュニティ・地方自治省が5%、児童・学校および家庭省が0.4%となっている。したがって、「予算」というのは比喩でもな

んでもなく、国として実際に予算を組んでいるのだ。統括しているのもエネルギー・気候変動省ではなく、財務省である。

　予算の組み方は次のステップを踏む。まず、各省庁が管轄している部門［estate and operation］について大枠の予算を組む。その上で、分野ごと［sector］にまとめ直す。たとえば、ある親が自分の子どもを学校に行かせるときに、スクールバスに乗せるか、自転車で行かせるか、どちらが二酸化炭素の排出を抑えることができるか悩んでいるとする。二酸化炭素でそこまで悩むのはかなり稀なケースだと思うが、これは一応『英国の低炭素経済への移行計画』に載っていた例だ。仮にこうしたケースがあるとすると、子どもと交通なので運輸省と児童・学校および家庭省の両方が関係することになる。となれば当然、管轄をめぐって争いが起きる。そういった省庁間の摩擦を防ぐために、ちょうどクロス表のように炭素予算を二重に集計してあるのだ。省庁の関係する範囲を決めて、同時に、分野ごとにまとめ直す。そうすれば、どの分野にどの省庁が関係しているのかもあらかじめ目に見える形になるので、管轄争いよりはむしろ協同が生まれやすいというわけだ。これも制度を運営するうえでとてもうまい工夫である。

　では、具体的な中身をみてみよう。

　イギリスは世界の二酸化炭素排出量のうち2％を占

めているが、そのうちの35%が電力・重化学工業分野によって排出されている。そのため、まずここから切り込むのが低炭素経済への一番の近道になる。2020年までの排出削減は電力と重工業分野をあわせて2008年比で22%減である。

その目標を達成するためにいくつかの政策がたてられている。現在のところ、イギリス国内の電力は約3/4が石炭と天然ガスによって発電されている。これを再生可能エネルギー、原子力エネルギー、または二酸化炭素回収・貯留［CCS］を伴う化石燃料エネルギーに転換して、2050年までにほぼすべての電力を脱炭素化する計画だ。それに向けた2020年までの試みとして注目に値するのは、再生可能エネルギー由来の電力を現在の6%から2020年までに30%まで引き上げるという政策である。日本の目標値が2020年代の早い時期に20%、アメリカが2025年までに25%であるのを考えると、かなり思い切った目標だと言える。

2020年までの中心が再生可能エネルギーだとすると、2020年以降のエネルギーを支えるのが原子力である。もともとイギリスは脱原子力を政策として掲げていたのだが、ここにきて気候変動対策の切り札として原子力発電へと再度舵を切った。2025年までに新しい発電所を稼働させる計画である。

この2つの（再生可能とは言い難いが）脱炭素エネル

ギーを効率よく稼働させるためにより広範囲でより高性能な送電網を構築することも計画されている。アメリカのオバマ大統領が政策に掲げたことで有名になったスマートグリッドと呼ばれるもので、さまざまな発電源から供給された電力をコスト計算しながら効率よく供給するこのシステムは、今世界中で注目されている低炭素技術のひとつである。

再生可能エネルギー、原子力発電、スマートグリッドと、どれも既存のエネルギー環境を大転換させるものとなるため、その分だけ導入期間もコストも大きくなる。そこで、これが投資の国イギリスらしい点だが、エネルギー技術への投資を支える風土を作ることが全体の土壌として用意されている。さまざまな低炭素技術を多様に混合させるための投資環境を整備する。つまり、すべての技術に国が投資するのではなく、民間の投資を呼び込んで、国は環境を整えるのである。

こうした発想は、重化学工業以外の製造業やオフィス分野での脱炭素化にも活きている。

製造業とオフィス分野はイギリスの総排出量のうち20％を占める、発電・重化学工業の次に排出量の多い分野である。どちらも排出量の多い分野ではあるが、製造業やサービス業と発電・重化学工業の間には根本的な違いがある。製造業やサービス業はもちろんなくては困るものも多いが、絶対になくてはならない基幹

産業ではないので、産業転換が起こりやすい。あるときは流通に、あるときはIT技術に。技術革新や消費者ニーズの流れによって中心が変わり続ける。それを利用して低炭素技術開発に人材と資源を流すことで低炭素化につなげようというのがここでのねらい、いわゆる、グリーン・ジョブの創出である。

特に注目されているのが、風力や潮力といった大西洋に面したイギリス特有の再生可能エネルギーと、低炭素建築、それに、超低炭素自動車である。特に低炭素建築の分野では、2016年以降に建てられる新築住宅はすべて「ゼロカーボン・ホーム」にすることになっていて、これだけでも新技術、新商品、新サービス、そして新規の職域が発生することが予想できる。

イギリス経済全体では、400兆円規模の世界的な低炭素市場に参入して、国内で100万人を超える人が雇用されると試算されている。イギリスはこれを利用して低炭素産業の国際センターへと自らを押し上げることを目論んでいるのだ。

● **市場経済の功罪**

民間の投資を呼び込んで、できるだけ低コストで低炭素経済を達成する。もちろん、政府も規制撤廃やさまざまな支援プログラムを実行するが、主体になるのはあくまで市場経済である。むしろ、市場経済が自律

的にグリーン化へと向かわなければ、国全体を低炭素化することはできないということだろう。GDPと比較して（＝市場経済ベースで）1％のコストというスターン報告の理念がここにもしっかりと息づいている。

　だが、実際にはそううまくいくものでもない。気候変動法に始まるさまざまな政策はたしかにイギリスがこれから向かうべき途を示しているが、内部には市場経済という魔物を抱えている。

　イギリスの第1予算期間の始まりであり、また、京都議定書の第1約束期間の始まりでもあった2008年は、9月にアメリカで起きたリーマンショックが引き金となって今日まで続く長期不況が始まった年でもある。イギリスでは2009年に前年比で総GDPで4.9％、産業部門だけでみると10％の落ち込みを経験した。不況期に入ると生産が停滞するため、二酸化炭素を始めとする温室効果ガスの排出は世界的に減る傾向にある。イギリス国内の排出量も温室効果ガス全体で8.6％、二酸化炭素だけでみると9.7％減少した。

　気候変動政策の観点から見るかぎり、たとえ不況の結果であったとしても、温室効果ガスが減ること自体はよいことである。たしかに不況から回復すれば排出は増えることが予測されるが、それも初めから計算に入れて、炭素予算には貯金と借金の仕組みがある。大幅に貯金した分だけ、炭素予算を破たんさせずに不況

対策で公共投資をすることもできるはずである。だが、2010年6月に出された気候変動委員会の第2年次報告書『炭素予算達成に向けて[Meeting Carbon Budgets]』には焦りの色が浮かんでいる[出典▶6]。報告書にはこうある。

> 2009年にわれわれは2020年の炭素価格予想を55ユーロ／二酸化炭素トンから20ユーロに修正した。現在の市場価格は15ユーロで、市場は2020年の価格を25〜40ユーロと予想している。もし2020年の価格が25ユーロを下回れば、低炭素発電に必要とされる投資を得られないだろう。

気候変動委員会が気にしているのはヨーロッパの排出量取引の仕組みであるEU ETS[欧州連合域内排出量取引制度 The EU Emissions Trading System]の炭素価格である。実は、イギリスの低炭素経済への移行計画はこのEU ETSによる価格シグナルに依存しているところが大きい。EU ETSはヨーロッパ域内の電力と重工業に対して温室効果ガスの排出量に総量規制をかけ、個々の企業に割り当てられた排出量を市場でやりとりする仕組みである。もしEU ETSによって決まる炭素価格が高ければ、その価格シグナルによって低炭

素技術への投資が進む。それを利用して、国内の電力や重工業の低炭素化を経済合理的に進めようというのがイギリスの目論見であった。それ自体は大変スマートな考え方なのだが、リーマンショックに端を発する世界的な不況によって、電力や重工業の温室効果ガス排出量は炭素価格とは関係なく結果的に削減されてしまったため、予測していた低炭素化が進まなかったのである。

ここで注意すべきことは、低炭素化が進まなかったことの影響はその年、あるいはその炭素予算期間の問題にはとどまらないということである。EU ETSの価格シグナルによって呼び込まれる投資は次の、そのまた次の炭素予算期間に実現するであろう技術への投資も含んでいる。たとえば、二酸化炭素回収・貯留技術[CCS]は2020年以降の実現が予想されているが、こうした新世代の低炭素技術にはそれ相応の開発期間とコストがかかる。EU ETSの炭素予想価格が下がれば、その分だけ高価格の技術は後回しにされ、将来の低炭素化への足かせになってしまう。だから、気候変動委員会は炭素価格に危惧を抱いているのだ。

ここで問題になっているのは、総量規制と経済効率性をどう関係づけるかということである。イギリスの場合は、気候変動法によって温室効果ガスを炭素予算の形で総量規制しながら、その内部でEU ETSの価格シ

グナルによる経済効率性を組み合わせた。キャップがトレードに先行するということである。これ自体はうまい仕組みなのだが、結果として起きたことは、不況による影響で総量規制が自動的に達成された場合には経済効率性が働かない、キャップがキャップでなくなればトレードは発生しない（売り手過剰による価格下落）という事態である。イギリスの気候変動政策も決して完成品ではない。

　両者の関係づけをどう調整するかが今後の気候変動政策の行方を左右することになるだろう。日本にとっても他人事ではない。日本はオイルショックの経験によって省エネルギー化（＝低炭素化）がある程度進んだ。それとほぼ同時に進行した中国の改革開放政策によって、現在は低炭素化の水準が異なるプレーヤーの中で総量規制と経済効率性という同じ問題を解かなくてはならなくなっている。そこでは、イギリスの経験をひとつのモデルとしながらも、日本独自の解法を編み出さなくてはならない。

●出典

[1] Stern, Nicholas, 2007, The Economics of Climate Change: The Stern Review, Cambridge University Press. (Exective Summary の日本語訳 http://www.env.go.jp/earth/ondanka/knowledge.html).

[2] UK Government, 2008, Climate Change Act 2008

(http://www.legislation.gov.uk/ukpga/2008/27/contents).

[3] 岡久慶, 2009, 「英国2008年気候変動法——低炭素経済を目指す土台」『外国の立法』240: 88-138 (http://www.ndl.go.jp/jp/data/publication/legis/240/024002.pdf).

[4] The Committee on Climate Change, 2008, Building a Low-Carbon Economy: the UK's Contribution to Tackling Climate Change (http://www.theccc.org.uk/reports/building-a-low-carbon-economy/).

[5] UK Government, 2009, The UK Low Carbon Transition Plan: National Strategy for Climate & Energy (http://www.iea.usp.br/iea/theuklowcarbontransitionplan.pdf Exective Summary の日本語訳 http://ukinjapan.fco.gov.uk/resources/ja/pdf/5963740/LC-transition-plan-j-text).

[6] The Committee on Climate Change, 2010, Meeting Carbon Budgets: Ensuring a Low-Carbon Recovery (http://www.theccc.org.uk/reports/2nd-progress-report/).

＊インターネット上の資料は2013年3月13日のもの。

IV

低炭素社会への途
日本は炭素税から始めよ

池田和弘

●京都議定書の迷路

　1997年12月に開かれた地球温暖化防止京都会議と、そこで採択された京都議定書は、日本の都市の名前「京都」が刻まれたことによって、国際的な舞台における日本の誇るべき成果となった。結果としてアメリカが離脱したとはいえ、京都議定書には世界経済に影響を与える多くの先進国が参加し、しかも数値目標をいれることができた。ほぼ歴史上初めてと言ってよい画期的な出来事であった。

　だが、今から振り返ってみれば、京都会議と京都議定書は、日本が低炭素化に向かう途を幾重にもはばむ迷路をつくりあげてしまったのかもしれない。

　たとえば、京都議定書で約束した1990年比6%減は達成できるのか、できないのか。

　環境省の「2011年度（平成23年度）の温室効果ガス排出量（速報値）について」によれば［出典▶1］、国内における2011年度の温室効果ガス排出量は二酸化炭素換算で13億700万トン、京都議定書の基準年に比べて＋3.6%の増加となっている。ただし、これは東日本大震災の影響による増加と見られ、経年変化で見た場合には、京都議定書の第1約束期間の前年である2007年の排出量が13億6500万トン（基準年比にして、＋8.2%）、2008年が12億8100万トン（同、＋1.6%）、2009年が12億600万トン（同、－4.4%）、2010年が

12億5800万トン（同、−0.2％）、2011年度の速報値が13億700万トン（同、+3.6％）と、第1約束期間に入って確実に低下し、1990年当時とほぼ同じ排出量まで減少していると言ってよいだろう。

しかし、これは必ずしも日本が低炭素化したことを意味するものでも、意識的に排出削減を実行した結果とも言えない。イギリスがリーマンショックの影響を受けたのと同じように、不況から立ち直りつつあった日本経済も大きな打撃を受けた。内閣府が発表している「平成23年度国民経済計算確報」によると［出典▶2］、この間における日本の実質GDP成長率は2007年度に前年度比で+1.8％、2008年度に−3.7％、2009年度に−2.1％と大きく低下し、2010年度には+3.1％に上昇した後、2011年度は東日本大震災の影響を受けて+0.3％となった。一見して分かるように、2008〜2009年の減少傾向と2010年以降の増加傾向は、温室効果ガス排出量の変動と軌を一にしている。

よく言われるように「経済と環境は両立しない」などと考える必要はまったくないが、経済活動の低迷が温室効果ガスの排出を低減させることは間違いない。しかし、日本ではこのことをはっきりと主張する人はあまり多くない。特に、産業界も取り込んで開催されている各種の審議会ではむしろ、2008年以降の温室効果ガス低減は企業の自主努力の成果だと読み解く傾向

が強い。

　2009年12月に開かれたコペンハーゲン会議の前にさかんに報道されたセクター別アプローチという考え方にも同じ傾向が表れている。コペンハーゲン会議は京都議定書の第1約束期間の次の枠組み、いわゆるポスト京都を決める重要な会議で、そこで日本は独自の戦略としてセクター別アプローチを提唱してまわった。

　セクター別アプローチの考え方はそれほど難しくはない。世界中の省エネ技術を調べて、その時点の最高水準の技術を基準に、現実的にどのくらいの削減可能性がどこにあるのかを求めていく考え方だ。京都議定書の枠組みでは基本的に1990年を基準として各国が総量をパーセントで削減する方法がとられたが、セクター別アプローチでは各国の削減パーセントを経済効率的に可能なところから積み上げて科学的に決定しようとしている。その意味でよりスマートなやり方だと言える。

　だが、セクター別アプローチは国際的にはあまりうけがよろしくない。少し考えれば分かるように、この考え方は省エネ技術が進んでいる日本に有利、というよりは、事実上、日本の技術を基準に世界の技術水準を測るということだからだ。そのため、低炭素化に積極的なヨーロッパでさえも、あえて否定はしないが賛成もしないという態度をとった。

セクター別アプローチは全体の総量を規制するという観点から見れば欠陥があると言わざるをえないが、効率の悪いものをよいものに置き換える、言いかえれば、温室効果ガスをたくさん出すものを市場から排除する、という考え方自体は基本的に正しい。だが、国際政治力をすでに失いかけている日本が自国に有利に映る「正しさ」を主張しても、それは無理というものだ。正しいことを言えばいいのではない。正しさを言いながらも、相手が譲歩しうるラインで交渉するしたたかさが必要だ。

日本はたしかにすぐれた省エネ技術をもっている。金融危機以降の世界不況の中では、結果として温室効果ガスの排出量も減少した。このままいけば、森林吸収分と京都メカニズムのクレジットを使うことによって、1990年比6%減も達成できるだろう。しかし、いずれにしても日本が温室効果ガスを大量に排出し続けていることもまた事実だ。外交技術に長けたヨーロッパやアメリカ、そして中国を相手にするためには、日本の国として低炭素化に向けた国造りに着手したという事実が必要だ。迷路に迷い込むのでも、迷い込ませるのでもなく、国際交渉に耐えうるだけの確固とした意志が求められている。

●**日本版気候変動法**

　日本が最初に手本にしようとしたのが、かのイギリスの気候変動法である。政権交代を成し遂げた民主党は日本版の気候変動法である「地球温暖化対策基本法案」を用意しており、政権交代時の2009年衆院選マニフェストにも政策インデックスの中で環境政策のトップ項目に挙げていた［出典▶3］。法案は政権交代後の2010年3月12日に閣議決定され、同年10月13日に衆議院に提出された。その後、当時の鳩山由紀夫首相の突然の辞任、管直人首相による組閣、そして、2011年3月11日の東日本大震災と原子力災害という激動の渦の中で、2012年12月16日の衆議院解散で廃案となった。

　およそ3年に渡って議論されたことになるが、残念ながら国民の注目を集めることはなかった。しかし、福島原発の大災害を受けて中長期的なエネルギー政策の大幅な見直しが進められている中で、今後はエネルギー政策と一体となって集中的に議論されるものと予想される。民主党は地球温暖化に対してどのようなプランを描いていたのか。まずは、その中身をみてみよう。

　地球温暖化対策基本法案は次のような構成になっている［出典▶4］。

　　　第1章　総則（第1条〜第9条）

第2章　中長期的な目標（第10条・第11条）
　　第3章　基本計画（第12条）
　　第4章　基本的施策
　　　第1節　国の施策（第13条〜第33条）
　　　第2節　地方公共団体の施策（第34条）
　　第5章　雑則（第35条）
　　附則

　一見して分かるように、先のイギリスの気候変動法と見比べると違いが歴然としている。イギリスの気候変動法は「第1部　温室効果ガス排出量削減目標と炭素予算」「第2部　気候変動委員会」と、目次を見ただけで政策の中身がはっきり分かるように組み立てられていた。目標を立て、炭素予算を組み、気候変動委員会がチェック＆アドバイスをする。それがイギリスの気候変動法だ。それに対して日本は、中長期的な目標のあとには基本計画と基本的施策が並び、政府が具体的に何をしようとしているのか、国民であるわれわれにはまったく伝わってこない。注意を喚起するような仕組みもなく、何かが変わるという匂いがまったくしない。あるのはいつもと同じ法律の文言だけだ。

　試しに、法律の目的を記した第1条を引いてみよう。ただし、14行に渡るとても日本語とは思えない長い一文で表現されているので、適宜割愛しながら紹介せざ

るをえない。

> 第1条　目的
> この法律は、気候系に対して危険な人為的干渉を及ぼすこととならない水準において大気中の温室効果ガスの濃度を安定化させ地球温暖化を防止すること及び地球温暖化に適応することが人類共通の課題であり、すべての主要な国が参加する公平なかつ実効性が確保された地球温暖化の防止のための国際的な枠組みの下に地球温暖化の防止に取り組むことが重要であることにかんがみ、地球全体における温室効果ガスの排出の量の削減に貢献するとともに、…(中略)…、もって地球環境の保全に貢献するとともに現在及び将来の国民の健康で文化的な生活の確保に寄与することを目的とする。
> (環境省2010「地球温暖化対策基本法案」より)

これを、本家イギリスの気候変動法の第1条と比べてみよう[出典▶5]。

> 第1条　2050年目標
> (1) 2050年のイギリスの炭素排出量が1990年を基準として少なくとも80％以下に低下するこ

とを、主務大臣の義務とする。
(UK Government 2008 Climate Change Act 2008 より)

　これが日本の一般的な法律の作り方だとしても、あまりの違いに愕然とせざるをえない。イギリスは最初の条文で目的をはっきり示すことができる。意志がはっきりしているからだ。それに対して日本は、目的を背景と読み間違えているかのような文言を並べなくてはならない。本家イギリスの気候変動法と日本の地球温暖化対策基本法案のあいだには明らかに温度差がある。

　急いで付け加えておくと、日本の民主党もこの地球温暖化対策基本法案にはそれなりに賭けるものがあった。実は、この地球温暖化対策基本法には、政権交代の直前にあたる2009年4月24日に参議院に提出された2009年版がある [出典▶6]。章立ては2012年まで審議されていた2010年版と大きく違わないが、修正が大きく入る前の2009年版のほうが、民主党が目指していたもの、いるものがはっきりと分かる。同じく第1条を引いてみよう。

　　第1条　目的
　　……(前略)……、温室効果ガスの排出量の削減に関する中長期的な目標を設定し、国内排出量

取引制度、地球温暖化対策税及び固定価格買取制度の創設、革新的な技術開発の促進等について定めることにより、新たな産業の創出及び就業の機会の拡大を通じて経済成長を図りつつ地球温暖化対策を推進し、もって地球環境の保全並びに現在及び将来の国民の健康で文化的な生活の確保に寄与することを目的とする。
（民主党2009「地球温暖化対策基本法案」より）

　まず、2020年の中期目標と2050年の長期目標を設定する。それを達成するために、国内排出量取引制度、地球温暖化対策税（炭素税）、固定価格買取制度の3つを主な政策とし、技術革新を促進して新たな産業を創出する。2009年版の地球温暖化対策基本法案では、イギリスの気候変動法と同じように主要な政策はすべてこの部分に集約されており、これこそが民主党が構想していた地球温暖化対策の骨格である。

●新成長戦略

　そして、2009年版に記載されていた国内排出量取引制度、地球温暖化対策税、固定価格買取制度の3つの政策は、政権交代後に「地球温暖化対策の主要3施策」として「新成長戦略」に組み込まれていく。

　新成長戦略は政権交代後の2009年12月に基本方

針が出され、翌2010年6月18日に閣議決定された政権交代の目玉ともいうべき大型の経済政策である[出典▶7]。「強い経済」「強い財政」「強い社会保障」というキャッチフレーズの元に、7つの戦略分野と21の国家戦略プロジェクトが組み込まれており、7つの戦略分野には「グリーン・イノベーション」という名前で低炭素化がトップ項目に配置されている。

この新成長戦略を具体的に実行するための「成長戦略実行計画」にはそれぞれの戦略分野ごとに工程表がついている。グリーン・イノベーションの場合には「環境・エネルギー大国戦略」がそれにあたる。ここには実にさまざまなものが、環境とエネルギーと技術に関係しそうなものはほぼすべて組み込まれている。「基本施策」とされているものだけを列挙しておこう。(このほかにも15を超える施策が「業務・家庭」「運輸」「産業・エネルギー」「技術開発・投融資」に分類されて展開されている。詳しくは「新成長戦略」をみていただきたい)

- 再生可能エネルギーの普及拡大・産業化(全量買取方式の固定価格買取制度の導入、規制の見直し(発電設備の立地に係る規制等))
- 太陽光、風力(陸上・洋上)、小水力、地熱、太陽熱、バイオマス等の再生可能エネルギーの導入目標の設定、ロードマップの策定

- 地球温暖化対策のための税の導入
- 国内排出量取引制度の創設
- 「環境未来都市」構想(環境未来都市整備促進法(仮称)の検討)
- スマートグリッドの導入、情報通信技術の利活用、熱等のエネルギーの面的利用等環境負荷低減事業の推進

先ほどの国内排出量取引制度、地球温暖化対策税、固定価格買取制度の3つの政策もしっかりと組み込まれているのがみてとれるだろう。各種再生可能エネルギー、スマートグリッドなども入っていて、最新低炭素技術の粋が集められたようでもある。これらの技術革新によって、50兆円超の環境関連新規市場を創設し、140万人の環境分野の新規雇用を生み出そうというのが民主党政権の描いた青写真である。

7つの戦略分野にある多くの施策の中から特に国が集中して取り組むプロジェクトを、政府は「21の国家プロジェクト」として指定した。環境・エネルギーからは3つのプロジェクトが推進される。

- 「固定価格買取制度」の導入等による再生可能エネルギー・急拡大
- 「環境未来都市」構想

・森林・林業再生プラン

　すぐに分かるように、気候変動政策で謳われていた国内排出量取引制度、地球温暖化対策税、固定価格買取制度の3つの主な政策のうち、国内排出量取引制度と地球温暖化対策税は国家プロジェクトから外されている。その理由については後ほど考察することにして、まずはプロジェクトの中身をみてみよう。

●3つの国家プロジェクト

　固定価格買取制度［Feed-in Tariff］は再生可能エネルギー特措法案（正式名称：電気事業者による再生可能エネルギー電気の調達に関する特別措置法案）として、奇しくも東日本大震災の起きた2011年3月11日に閣議決定をされ、その後、8月26日に可決成立した［出典▶8］。当時の管直人首相がこの再生可能エネルギー特措法の成立を退任のめどとしていたことで、ご記憶の方も多いだろう。

　それまで実施されてきた太陽光発電の余剰電力買取制度では、自宅で使う電気を上回る発電をした際に、その上回った分の電力を住宅用の場合1キロワット時あたり48円で電力会社に売ることができた（余剰買取）。その際、買い取りにかかる費用は電気料金に上乗せする形で電気利用者全員で負担することになっている。

2012年7月1日からスタートした新しい再生可能エネルギー特措法の枠組みでは、これをさらに風力、中小水力、バイオマス、地熱発電へと拡大し、事業用の発電の場合にはその全量を買い取ることで（全量買取）、20年代の早い時期に発電量に占める再生可能エネルギーの割合を20％を超える水準とすることが目指されている[出典▶9]。

　新しい制度の変更点として注目すべき点は、再生可能エネルギーによる発電事業に全量買取を適用した点である。これまでの買取制度は、自家消費を主目的として作られた発電設備に限って余剰分を買い取るものだった。これを自家消費を目的としない発電設備にまで広げることによって、新たなビジネスの成立が見込まれる。たとえば、住宅の屋根を一区画大規模に借りて、発電業を営むような事業も生まれてくるだろう。これまで看板貸しぐらいの経済価値しかなかった住宅の屋根が、これからは発電所としての価値をもつようになる。こうした意味の転換という点で、環境関連の新規市場を創るということがどのようなことを起こすのか、そのイメージを理解する上で、固定価格買取制度の拡大は分かりやすいモデルケースを提供することになるだろう。

　このようにうまくいきそうな政策がある一方で、ほかの2つの政策、環境未来都市と林業再生プランはどう

グリーン・イノベーションを起こすのか、何が新しくうまれるのか、まったくはっきりしてしない。先に森林・林業再生プランから述べると、実はグリーン・イノベーションと銘打たれた20以上の政策群の中に森林・林業再生プランは入っていない。この政策の出自は「環境・エネルギー大国戦略」ではなく、「観光・地域活性化戦略」にある。そのため、その目的も「木材自給率50％」であり、たとえば、木材資源を利用したバイオマス発電のように低炭素化が目指されているわけではない。

　こうした試みは既存事業をそのまま延命するために緑色の看板に架け替えているにすぎず、時代の流れにまったく逆行している。林業で言えば、そもそもの問題は輸入材との価格競争に勝てないことと、それによる慢性的な人材不足である。はっきり言えば、すでに事業として成立していないし、する見込みもない。それならばむしろ、林道の建設によって無用な自然破壊をすることなく、新しい人材はこれから成長する可能性のある分野に積極的に流していくべきだ。地域活性化はその流れの中で考えていけばよい。

　その意味で、もうひとつの国家プロジェクトである環境未来都市構想は、地域を活性化する新しい試みとして大いに期待される。しかし、ここにもまた落とし穴がある。

●環境未来都市構想

　環境未来都市構想は2008年に自民党政権下で実施された「環境モデル都市」をベースにしている。大都市からは横浜市、小規模都市からは水俣市、東京からは千代田区といったように都市の性格の違いも考慮にいれて13の自治体を選び出し、そこで先端的な低炭素技術の実践と都市構造の構築が実験的になされた。たとえば、人口42万人で中規模都市に該当する富山市では、路面電車［Light Rail Transit］のネットワークを拡充することによって、自動車依存度を低減しながら、歩いて暮らせる「コンパクトシティ」の構築を試みている。

　2008年の環境モデル都市では次のような目的がたてられていた［出典▶10］。

・我が国を低炭素社会に転換していくためには、ライフスタイル、都市や交通のあり方など社会の仕組みを根本から変えることが必要。
・今後目指すべき低炭素社会の姿を具体的にわかりやすく示すため、国は、温室効果ガスの大幅削減など高い目標を掲げて先駆的な取組にチャレンジする都市を「環境モデル都市」として選定し、その実現を支援。
・市民や地元企業の参加など地域一丸となった底力の発揮により低炭素型の都市・地域モデ

ルを構築し、地球環境の負荷の低減と地域の持続的発展を同時に実現することにより、地域の元気を回復。

「社会の仕組みを根本から変える」「低炭素社会の姿を具体的にわかりやすく」「地域の持続的発展を同時に実現」など、グリーン・イノベーションを具体的に都市空間で実現する上で必要な要素がコンパクトに表現されている。

ところが、これを受け継いでさらに発展させるはずの環境未来都市構想では、環境や低炭素化の話がどこにあったのか分からないほどに混沌とした状態に陥ってしまった。2010年10月から開催された環境未来都市構想の有識者検討会で描かれた基本コンセプトは次のようなものだ[出典▶11]。

> 将来ビジョン：環境・超高齢化対応等に向けた、人間中心の新たな価値を創造する都市
> ・「誰もが暮らしたいまち」、「誰もが活力あるまち」を実現
> ・人、もの、金が集まり、自律的に発展できる持続可能な社会経済システムの構築
> ・ソーシャルキャピタル（社会関係資本）の充実等により、社会的連帯感の回復

- 人々の生活の質を向上させることが究極的な目的

　前政権の政策とは違いを出したいという欲求や、補助金を交付するだけの仕組みからは脱却したいという意欲は分かるのだが、少し気負いすぎたのではないか。環境、超高齢化、持続可能性、社会的連帯感などそれぞれの理念はもちろん正しいが、それらをただ寄せ集めただけでは何も言っていないに等しい。こうなってしまった原因は検討会のかなり早い段階である問いを開いてしまったことにあるようだ。それは「住みたいまちとは何か」という都市に生きる人間にとって究極問題とも言えるような問いかけである。その結果、「都市」「まち」という言葉にひきつけられるようにさまざまな社会問題や理念が集まり、結果として壮大な無内容になってしまった。

　低炭素化という巨大なプロジェクトを進めるにあたって、こうした全方位に拡散していくような進め方はあまりよい結果を生まない。環境未来都市でも低炭素化でも同じだが、それがどのようなものになるのかはっきりと分かっている者は誰もいない。だからこそ、そのあり方は理念のようなものではなく、かつてイギリスで始まった市民革命のように具体的な手触りとして示される必要がある。その意味では、環境モデル都市は画期的な

試みであった。そこまで一度立ち戻った上で、今度は都市から国へと舞台を移して、低炭素化という革命的な出来事を具体的にどう見せるかを考えるべきだろう。

●炭素リーケージ

　地球温暖化対策基本法に挙げられている3つの主な政策はその役割を担う最有力候補である。特に国内排出量取引制度と地球温暖化対策税は経済に直接影響を与えることから、新しい社会の到来を告げるにたる大きなインパクトが期待できる。しかし、ともに産業界を中心として根強い反対があり、今のところ導入のめどはたっていない。

　たとえば、内閣総理大臣を議長とする新成長戦略実現会議でも、経団連の会長である米倉弘昌が次のように反対の意見を述べている［出典▶12］。

> 現在、検討されております排出量の取引制度や、あるいは再生可能エネルギーの全量買取制度、地球温暖化対策税というのは海外からの投資を呼び込むどころか、逆に我が国でのものづくりを阻害して、そして海外への生産拠点の移転を助長してしまうのではないかと懸念いたしております。最終的な報告書の取りまとめに当たってはこうした制度の導入が盛り込まれないよう

にお願いしたいと存じます。

(国家戦略室2010「第5回 新成長戦略実現会議 議事要旨」より)

　産業界が懸念しているのはいわゆる「炭素リーケージ [carbon leakage]」と呼ばれる現象である。炭素リーケージとは、ある地域で炭素排出のコストが増加すると工場などがその地域の外に移転し、移転先の地域で炭素の排出量が増加する現象を指している。産業構造審議会の地球環境小委員会の資料によれば [出典▶13]、2020年までを見通した場合、炭素価格は二酸化炭素1トンあたり0〜50ドル（約4000円）程度の範囲で推移するものと予想されている。これがなぜ問題になるかといえば、各国ごとに二酸化炭素の削減余地、すなわち、追加的に1トン削減するための費用（限界削減費用）が異なるからだ。各国の限界削減費用は、EUが約48ドル、アメリカが約60ドル、韓国が約21ドル、中国が約3ドルであるのに対して、日本の限界削減費用は約476ドルに達している。そのため、日本では1トンあたり476ドルかけて追加的に炭素を削減するよりも、炭素市場で50ドルで買ったほうがはるかに経済合理的になり、これによって低炭素化が進むことはない。仮に日本市場だけ1トンあたり500ドルの炭素価格を設定すれば、間違いなく産業は安い炭素を求めて国外

に流出する。そのため、国内における排出量取引制度の導入には反対の立場をとらざるをえない、というわけだ。経団連は決して抵抗勢力などではなく、論理的に考えても妥当な見解である。

再生可能エネルギーの全量買取制度や地球温暖化対策税でも同様の論理が成立する。ここで問題になっているのは突き詰めていえば、グローバル化した経済を国内的な規制でどう制御するか、すなわち、イギリスで起きたことと同様に規制と経済の関係づけの問題である。どの国も最終的にはこの問題に自らの解を与えなくてはならない。

●経済に先行する社会

理念ではなく具体的な手触りをもち、なおかつ国家的な規模の政策によって低炭素社会の到来を印象づけながらも、炭素リーケージは生じさせない。ここで求められているのはそうした綱渡りのような政策技法である。

かなり難しい作業になるが、考える手がかりがないわけではない。産業界が経済的手法に反対しているのは、先にみたように炭素リーケージによって産業の国外移転が生じるからである。あまり表だって議論されることはないが、実は、国外移転が生じにくく、炭素リーケージも発生しないものもある。それは、一人一

人の生身の人間、日本の一般国民である。日本語という辺境言語の障壁と、それにもかかわらず達成された高い経済性によって、国外に移住する日本人の数は今でもごく少数にとどまっている。そのため、国内で炭素に高い価格がついたとしても、それを理由にして国外に移住する人々が大量に発生するとは考えにくい。

産業界が経済的手法に反対する理由にも実はこれが効いてきている。経済原理から言えば、高い炭素価格がついた場合には工場を国外移転させればよい。経済活動の自由が保障されている以上、倫理性を別にすればそれに反対する理由はないし、現に安い労働力を求めて多くの工場が中国に移転している。低炭素化の場合にそれができないのは、高い技術力とそれに見合う労働品質は日本でしか手に入らないからである。したがって、高い炭素価格がついたとしても、実際には炭素リーケージは起こらない。起こるのはただ、日本が国際競争力を失い、輸出産業が衰退するということだけだ。

そのため、産業界に炭素価格の上乗せを要求するのはあまり適切な政策ではない。再生可能エネルギーの全量買取制度が国家プロジェクトに入っているのは、再生可能エネルギーの普及が大きく進むとは予想されておらず、コストは産業界が吸収できるぐらい小さいと見込まれているからだろう。

そうすると、ここで取りうる政策オプションは産業界への直接的な影響は小さいが、社会に与えるインパクトは大きく、具体的に低炭素社会の到来を印象づけられるものにかぎられる。それには地球温暖化対策税、すなわち、炭素税の一般家庭に限った導入がもっとも適している。

　政府の各種審議会は産業界を取り込む形で進められるため、産業界が反対するとその政策がすべて頓挫することが多い。しかし、産業界と一般家庭を切り離して、その一方にのみ政策を導入することももちろん可能であり、その可能性はぜひとも考えてみるべきだ。

　規制と経済の関係づけの問題で言えば、産業組織と国民のあいだにある国外移転可能性の違いを用いて炭素リーケージの問題をクリアし、日本の社会そのものを低炭素化の規律空間にすることによって、そこから間接的に低炭素経済への移行を促すということになる。これは言語障壁と高い経済性という世界でも例をみない条件がそろっている日本だからこそとれる方法でもある。炭素の限界削減費用が日本だけ突出しているのも本質的には同じ理由による。すなわち、かねてより省エネという低炭素経済が運営できたのは、それを支える社会的な条件があったからにほかならない。今度はその条件をはっきりと低炭素社会として示すときがきたということだ。

炭素税を一般家庭に導入する具体的な手法については さまざまなものが考えられるだろう。たとえば、電気 やガソリンといったエネルギーに定率で課税する方法 や、エコポイントを逆転させて、エネルギー効率の低 い電気機器に課税する方法もあるだろう。もちろん、 消費税のように消費全般に課税する方法もあるし、確 定申告で還付して税制中立にしてもよい。

　いずれにせよ重要なことは、どんな形であれ、低炭 素社会を具体的に見せてしまうことである。身に迫る ものがなければ、人は本気で考えようとはしない。総 量規制の議論はそれからでも遅くないし、逆に言えば、 そこからしか始まらない。計画停電になってはじめて 本気で節電を考え始め、実際に節電効果が目に見える 形で現れたように。低炭素化も同じように考えればよ い。低炭素社会が低炭素経済を導く。それを具体的に 示すだけで、25％削減宣言のたしかな裏書きになる。

　最近よく耳にする言葉に「選択と集中」がある。何 かを選択し、何かに集中させるときが来ている。この 考え方自体は正しい。だが、本当に大事なことは、「何 を選択しない」で、「何に集中させない」か、今ここで 捨てていかなくてはならないものをはっきり示すことだ。 大量に炭素を排出する産業は将来的に維持できない。 エネルギーを大量に使う生活も維持できない。何がな ぜできないのか、それをはっきりさせることで初めて、

何を選択して何に集中させるべきなのか、その意味が見えてくる。その第一歩を、日本は炭素税から始めよ。

●出典

[1] 環境省, 2012,「2011年度（平成23年度）の温室効果ガス排出量（速報値）について」(http://www.env.go.jp/earth/ondanka/ghg/2011sokuho.pdf).
[2] 内閣府, 2012,「平成23年度国民経済計算確報」(http://www.esri.cao.go.jp/jp/sna/menu.html).
[3] 民主党, 2009,「民主党政策集INDEX2009」(http://archive.dpj.or.jp/policy/manifesto/seisaku2009/index.html).
[4] 環境省, 2010,「地球温暖化対策基本法案」(http://www.env.go.jp/press/press.php?serial=12257).
[5] UK Government, 2008, Climate Change Act 2008 (http://www.legislation.gov.uk/ukpga/2008/27/contents).
[6] 民主党, 2009,「地球温暖化対策基本法案」(http://www.sangiin.go.jp/japanese/joho1/kousei/gian/171/meisai/m17107171019.htm).
[7] 首相官邸, 2010,「新成長戦略――「元気な日本」復活のシナリオ」(http://www.kantei.go.jp/jp/sinseichousenryaku/sinseichou01.pdf).
[8] 経済産業省・資源エネルギー庁, 2011,「電気事業者による再生可能エネルギー電気の調達に関する特別措置法」(http://www.enecho.meti.go.jp/saiene/kaitori/2011kaitori.pdf).
[9] 経済産業省・資源エネルギー庁, 2011,「再生可能エネルギーの固定買い取り制度について」(http://www.enecho.meti.go.jp/saiene/kaitori/2011kaitori_gaiyo2.pdf).
[10] 内閣官房, 2009,「環境モデル都市の選定結果について」

(http://ecomodelproject.go.jp/upload/080722sentei1/080722sentei.pdf).
[11] 内閣官房, 2011,「「環境未来都市」構想について」(http://futurecity.rro.go.jp/about_futurecity.pdf).
[12] 国家戦略室, 2010,「第5回 新成長戦略実現会議 議事要旨」(http://www.npu.go.jp/policy/policy04/pdf/20101201/20101201_gijiyoshi.pdf).
[13] 経済産業省, 2010,「産業構造審議会 環境部会 地球環境小委員会 政策手法ワーキンググループにおける議論の中間整理」(http://www.meti.go.jp/committee/summary/0004672/report_01_01j.pdf).
*インターネット上の資料は2013年3月1日のもの。

日本は排出量取引制度を導入するべきか

鈴木政史

2010年3月、「地球温暖化対策基本法案」が閣議で決定された。この法案の一つの柱は排出量取引制度である。排出量取引制度の導入に関してはここ数年に限らず10年ほど前から検討されてきた。それにも関わらず2010年3月現在、この法案の中でも欧州連合の排出量取引制度（EU ETS: European Union Emissions Trading System）型の総量規制方式を取るか産業界の主張する原単位方式を取るか決めかねている。

本稿は排出量取引制度を取り上げる。まず排出量取引制度は経済的に負の効果をもたらすかという問いを考えたい。総量規制方式に対しては、日本の産業の国際競争力を損なうという恐れがあるという立場からエネルギー集約産業を中心とした日本の産業界は反対をしている。しかし、国際競争力の定義も定まっておらず、どのような損失が考えられるかという分析は進んでいないというのが現状である。排出量取引制度が経済的に負の効果をもたらすかという点に関して、経済協力開発機構（OECD: Organisation for Economic Co-operation and Development）／国際エネルギー機関（IEA: International Energy Agency）が行なった研究をもとに考察を深めたい。

次に排出量取引の経済的な負の観点から排出量取引制度に関する欧州と米国の動向を簡単にレビューする。欧州や米国の排出量取引は制度設計において経済的な

負の効果や国際競争力の懸念をどのように取り扱っているのであろうか。欧州では2005年から欧州連合域内排出量取引制度が導入され、過去5年間様々な経験を生み出している。米国に関しては下院におけるワックスマン・マーキー修正法案の可決及び上院におけるケリー・ボクサー法案の審議を経て排出量取引制度のかなり踏み込んだ制度設計が進んでいる。その他、オーストラリアとカナダでも排出量取引制度の設置に向けた動きがみられるが、欧州と米国の2010年3月現在の動向をレビューする。

　上記の議論を踏まえた上で、最後に排出量取引制度は日本に必要かという問いを考察したい。やはりその中で大事な二点は、排出量取引は経済的に負の効果をもたらすかという点と排出量取引は温室効果ガス削減に向けた技術普及・技術革新につながるかという点である。後者の質問に関しては紙面の制限上考察を避けるが、一点目の質問に答えながら本稿をしめくくりたい。

● **排出量取引は経済的に負の効果をもたらすか。**

　日本で排出量取引制度が導入された時の経済的な負の効果はなにか。エネルギー集約産業を中心とした産業界は、中国の企業等に対する日本企業の国際競争力が低下するという懸念を表明している。排出権取引制

度が導入された時に日本の企業の間にどのような費用が発生し、ひいては国際競争力の低下につながるのか。

OECD／IEA が発表した数点の排出量取引制度に関する報告書はこの費用をうまく整理している。まず温室効果ガスの削減に向けた技術の導入にかかる費用である。総量規制の場合、企業は政府によって決められた排出量を上回った場合、自ら温室効果ガスを削減するか排出権を市場または他の企業から購入しなければならない。経済理論に従えば、排出量取引制度の下において、企業は限界削減費用が排出権価格より低い場合には自ら削減を行ない、排出権価格より高い場合には排出権を調達する。

次に電力価格等の上昇が費用になるケースがある。電力会社が排出量取引制度で温室効果ガスの削減目標を定められたときに電力会社は削減目標を達成する費用を電力価格に転嫁する可能性がある。この場合、電力の大型消費者であるアルミ製造工場や電炉にとっては大きな費用となる可能性がある。実際に欧州においては電力企業が排出量取引にかかる費用を電力価格に反映させたため電力価格が上昇した。この他の費用として投資家が排出量取引制度をリスクとしてとらえた時の費用及び低炭素型エネルギー関連の価値または価格の上昇等が考えられる。

排出量取引制度を導入したときこれらの費用は企業

の収益を圧迫するものになるのであろうか。この問いに対する答えを導くにはいくつかの要因を考えなければならない。第一に総量規制の場合には政府によって決められたキャップの厳しさによる。キャップが厳しければ厳しいほど企業は温室効果ガスの削減の費用を出すか排出量を購入しなければならない。

第二の要因として企業が排出量制度取引にかかる費用を製品価格に反映できる度合いである。理論上は排出量取引制度にかかる費用すべてを製品価格に反映させれば企業にとっての費用は全く発生しない。しかし製品価格に反映できる度合いは競争相手の存在や代替商品や物質の存在などそれぞれの産業構造に大きく関わっており簡単にできるものではない。例えば日本の製造拠点と中国の製造拠点の費用比較をする必要が出てくる。日本と中国で製造するものの質に違いがないのであれば、日本で導入された排出量取引制度の費用を日本の製品に価格転嫁してしまえば中国の商品の価格が魅力的になるため、日本の企業は価格転嫁できない。また代替商品や物質の価格とも比較する必要があり、例えば、素材産業の場合には鉄・アルミ・プラスチックなど一つの製品価格が上がった場合他の素材で代替し費用を削減しようという動きも出てくる。

排出量取引制度は企業に費用上の大きな負担となり経済的に負の効果をもたらすか。この問いの答えに参

考となると思われるのが前述したOECD／IEAが発表した数点の排出量取引制度に関する報告書である。この報告書は欧州連合の排出量取引制度を参考に経済的なインパクトを産業ごとに分析している。この分析はアルミ産業以外のエネルギー集約産業（高炉鉄鋼、セメント、製紙、電炉鉄鋼）の負のインパクトはそれほど大きくないという結果が出ている。

　エネルギー集約産業を中心とした産業界は、排出量取引制度の日本国内の導入によって中国の企業等に対する日本企業の国際競争力が低下するという懸念を表明しているが、そもそも国際競争力はどのように定義されるのか。国際競争力という言葉は頻繁に使用されるが、その意味は論者によって異なる。前述したOECD／IEAの報告書によれば、国際競争力とはある地域におけるある産業が他の地域に対して利潤と市場におけるシェアーを維持することができる能力と定義されることができる。しかしその能力とは製品の製造に関わる費用、価格、賃金水準、為替レート等によって大きく左右される。更には、製品の品質、熟練労働者の能力、マーケティングの能力等、数値化の難しい要因もある。排出量取引制度の導入が日本企業の国際競争力の低下につながると結論するのは難しい。しかし排出量取引制度の導入の判断は国際競争力に十分配慮することが大事であり、最終的には政治的な判断が

求められる。

●欧州・米国の動向

ここで排出量取引の経済的な負の観点から排出量取引制度に関する欧州と米国の動向を簡単にレビューする。欧州や米国の排出量取引は制度設計において経済的な負の効果や国際競争力の懸念をどのように取り扱っているのであろうか。欧州では2005年から欧州連合域内排出量取引制度が導入され、過去5年間様々な経験を生み出している。米国に関しては下院におけるワックスマン・マーキー修正法案の可決及び上院におけるケリー・ボクサー法案の審議を経て排出量取引制度のかなり踏み込んだ制度設計が進んでいる。欧州と米国の排出量取引制度の概要と詳細に関しては様々な論文が出されているので、本稿においては制度設計において経済的な負の効果や国際競争力の懸念をどのように取り扱っているかという観点に絞って解説をしたい。

欧州は2005年に排出量取引制度を実施し、2005年から2007年までを第1フェーズ、2008年から2012年を第2フェーズ、2013年から2020年を第3フェーズと定めている。排出量取引制度に関して第1フェーズは試行期間、第2フェーズは京都議定書第1約束期間への対応、第3フェーズは新たな国際枠組み制度への対応と位置づけている。

特筆すべき1点目はこのように時間をかけて制度設計を行なっている点である。排出量の割当方式に関しても産業界の負担を考慮しながら無償割当から徐々にオークション型への移行を進めている。上記の通り、排出権取引の負の経済的な効果は制度導入の事前予測［ex-ante］は非常に困難である。欧州は Learning by doing の精神に乗っ取り、排出権の割当方法、対象とする温室効果ガスの種類、対象とする産業部門といった制度設計の根幹に関わる部分に関してフェーズを経るごとに得られた学習を制度設計に生かそうという精神がうかがえる。一例として第2フェーズにおいて、電力部門を除いた産業部門に対しては国際競争力への配慮を示しており、緩やかな割当を実施している。一方、電力部門に対しては排出量取引に関わる費用を電力価格に転嫁することが比較的容易であることから厳しい割当を行なっているようである。

　2点目は第3フェーズにおいて鉄鋼やセメント等の国際競争力の低下の懸念がある部門に関してはベンチマーク方式による無償割当を考慮している点である。鉄鋼に関しては利用可能な最善の技術（BAT: Best Available Technology）に基づく暫定的数値を提示し（高炉は1.286t-CO_2/t-製品）、セメントに関してはEU域内のクリンカー施設の上位10%（780kg-CO_2/t-クリンカー）を基準として設定する事を検討しているようであ

る。国際競争力の低下の懸念が制度設計に組み込まれている。

　米国においても排出量取引制度の設計において経済的な負の効果や国際競争力の懸念が制度設計に検討されている。下院におけるワックスマン・マーキー修正法案と上院におけるケリー・ボクサー法案の内容は主要部分において大変似通った内容になっており、両法案とも欧州の排出量取引制度同様に段階的な無償割当型からオークション型への移行を目指している。また、国際競争力の低下の懸念がある部門に関しては排出権の無償割当を考慮している。特筆すべきは、ワックスマン・マーキー修正法案においては米国と同等の温暖化対策を実施していない主要貿易相手国からの輸入品に関しては、2025年からその輸入者に排出枠の提出を求める点である。また、ケリー・ボクサー法案においては、国際貿易ルールに整合的な国境調整措置を追加することを検討している。

● **排出量取引制度は日本に必要か**。

　以上、排出量取引が日本の産業に経済的に負の効果をもたらすのか考察をした。排出量取引の導入に関してもう一つ大事な問いは、排出量取引は技術普及や技術革新につながるかという問いである。排出量取引の趣旨は、排出量取引に参加する企業に対して温室効果

ガス削減に向けた技術の革新と普及を促す経済的な手段を提供する事である。排出量取引を導入しても温室効果ガスの削減が進まず、金融取引またはマネーゲームとしての側面だけ残るのであれば排出量取引の意味がない。この問いに十分に答える研究結果が出されているだろうか。

著者は本問いに答えられる十分な文献調査を行なっていないが、排出量取引と技術普及や技術革新につながる研究は進んでいないという印象を持っている。2005年より始まった欧州連合の排出量取引制度（EU ETS）がある程度、非効率な発電所（主に石炭）の効率化または天然ガス等への燃料転換を促進したという意見が聞かれるが果たしてそうであろうか。本分野における実証研究の進展が求められる。

排出量取引が日本の産業に経済的に負の効果をもたらすのかという問いには対しては、必ずしも負の効果をもたらすとは考えられないという答えを出した。一方、排出量取引制度の導入の負の効果の議論がある中、正の効果の議論は進んでいない。経営学で論じられるポーター仮説によれば、規制にうまく対応または取り組んだ企業は技術革新という産物を得る事ができ、その結果、市場における First mover advantage に伴った利潤を一定期間享受することができる。ポーター仮説の実証は非常に難しいテーマであるが、排出量取

引制度の導入によって正の効果がある可能性があることも考慮すべきである。

上記で欧州と米国の動向をレビューしたとおり、これらの地域では国際競争力への配慮を行ないながら排出量取引の導入を検討している。そこには排出権取引の負の経済的な効果は制度導入の事前予測 [ex-ante] は非常に困難であると認識しながら制度設計を行なう姿勢がうかがえる。日本も Learning by doing の精神で独自の排出量取引制度を設計する必要があるように考える。

●参考文献

International Energy Agency, "Emissions Trading and its Possible Impacts on Investment Decisions in the Power Sector," Paris, 2003.
International Energy Agency, "The European Refinery under the EU Emissions Trading Scheme - Competitiveness," Trade flows and Investment Implications, Paris, 2005.
International Energy Agency, "Industrial Competitiveness under the European Union Emissions Trading Scheme," Paris, 2005.
International Energy Agency, "Issues Behind Competitiveness and Carbon Leakage, International Energy Agency," Paris, 2008.
環境省地球環境局市場メカニズム室「諸外国における排出量取引の実施・検討状況」(2010年2月)

VI
太陽熱発電と高圧直流送電

橋爪大三郎

太陽熱発電は、再生可能エネルギーの有力な選択肢のひとつです。我が国では、まだ必ずしも認知されていませんが、世界の多くの国で実用化へ向けた研究が進んでいます。以下、大づかみに、太陽熱発電の仕組み、実用化に向けた課題の数々、将来性などについて、説明したいと思います。

●太陽エネルギー

　人類が使っているエネルギーは、伝統的には、太陽エネルギーが主なものでした。穀物や食料は、太陽エネルギーがかたちを変えたもので、生命としての人間の原動力になっています。それにくわえ、人間が使うエネルギー——船に乗るときの風力、水車を回すときの水力、といった伝統社会のエネルギー——も、太陽エネルギー以外に使えるものはなかったと言ってもいいでしょう。

　産業革命と前後して、化石燃料が実用化されて、太陽エネルギーの比重は、現在ずいぶん小さなものになっています。化石燃料は、石炭、石油、天然ガスが主なもので、他にオイルシェールやオイルサンドなどもあります。共通点は「地下に埋まっている炭素化合物だ」ということです。これを燃焼させると、酸化反応によって、エネルギーを取り出すことができる。その不可避な排出物として、炭酸ガスが出てきます。成分の関

係で、石油や天然ガスからは、水も排出されます。でも、炭素エネルギーを主として取り出すのですから、その大部分は炭酸ガスとして出てきます。これが極めて大量で、温室効果ガスとして地球温暖化を導いていると疑われていることは、すでに述べたとおりです。

これら化石燃料のエネルギーの由来をよく考えてみると、石炭は、何億年も昔の「古生代」あたりの時代に、当時の植物が太陽を浴び、空気中の炭酸ガスを同化して、そのあと腐敗せず炭化して、ほぼ炭素の塊となったものです。

石油は、海水中のプランクトンやそれ以外の物質が、地中深くに閉じ込められ、液状に変質したものだと言われています。

要するに、化石燃料は、過去の太陽エネルギーがかたちを変えたもので、これらも広義の太陽エネルギーではあるのです。しかし、それを掘り出して燃焼させると、化石燃料がなかった時代の地球の平衡状態を崩してしまうことを心配しなくてはなりません。

そういう意味では、化石燃料をやめにして、太陽エネルギーを中心とする自然エネルギーに転換すれば、地球の平衡は取り戻せます。そして人間は自由に、エネルギーをこれまで通り使うことができる。こう考えられます。

太陽エネルギーは、太陽の核融合反応を淵源として

います。太陽には十分たくさんの水素があり、それが徐々にヘリウムに変換されています。人類が出現してからおよそ400万年と言われていますが、太陽が安定していまのように光っているという状態は、少なくともあと数億年は問題なく継続するはずなので、人類にとっては無尽蔵、無制限なエネルギー源であると言えます。

　太陽エネルギーは、環境に負荷を与えないエネルギー源ですが、問題があるとすれば、密度が薄いことです。日に当たりながら動物が普通に生活できる程度の薄さです。石炭を燃やしたときの熱や、原子炉の炉心の核分裂反応で生まれる熱に比べて、密度が薄いのです。この密度をどうやって高めて、エネルギー源として用いるかが、太陽エネルギーを利用するひとつの技術的な問題点です。

　太陽エネルギーのもうひとつの問題点は、地上に昼と夜がある点です。夜間、太陽エネルギーは届きません。しかし電力需要は24時間で、昼間に多くの需要があるとしても、夜も必要です。どのように24時間のエネルギー供給を確保すればいいか。これも太陽エネルギーを利用する場合の技術的な課題です。

　では、太陽エネルギーから電気を取り出すという技術の大きなふたつの柱。太陽熱発電と太陽光発電について考えてみましょう。

●太陽熱と太陽光

　太陽エネルギーの利用というと、我が国の多くの人びとが真っ先に思い浮かべるのは、屋根に並んだソーラーパネルです。ちょっと灰色っぽいピカピカのパネルが斜めにギザギザに並んでいて、そこから電気を取り出す。これが太陽エネルギーのイメージではないでしょうか。

　このやり方を、PV(PhotoVoltaic／太陽光発電) と言います。

　太陽光発電（PV）とは、太陽エネルギーを電気に変換する半導体素子を並べて、太陽光を直接電気に変換するという技術です。技術開発の焦点は、変換効率をいかに高めるか。つまり、一定量の太陽光線をどれだけ多く電力に変えるか。それから、変換素子の値段をどれだけ安くできるか。パネルをどれだけ安く生産するか。ここに各企業がしのぎを削っています。

　PVの特徴は、曇の日でも多少の光が当たりさえすれば、ともかく発電できるという点です。この点は、日本のような曇の日が多い国でも発電できるとして、各電機メーカーがPVの研究に大きな力を入れている理由にもなっています。

　PVの問題点はふたつあります。

　ひとつは、電気代が高いこと。PVの発電単価はどんどん安くなってきてはいますが、それでも、通常の

電力単価に比べてまだまだ高い。将来技術開発が進んでも、現在の電気代よりずいぶん高いレベルで高止まりしてしまうのではないか。価格が第一の弱点です。

　第二の弱点は、夜間に発電ができないことです。ということは、PVを主たる電力源にして24時間ベースにするのは無理だということになる。

　PVを24時間電力ベースにする場合には、蓄電が必要です。ところが、電気は貯めるのが大変に難しい。電気を貯める方法はいくつかあり、ひとつは蓄電池で、化学的に貯める方法です。しかし蓄電池は値段が高い。もうひとつは物理的に貯める方法です。大きなはずみ車をつくって、電気が余っている昼間にはずみ車をグルグル回し、日の当たらない夜に、はずみ車のエネルギーを電気として取り出す。こういうことを考えている人もいます。はずみ車の建設費はとんでもない値段になります。現在使っているやり方に、揚水発電があります。電気が余っている昼間に川の下流からダムの中にポンプで水を汲み上げる。夜になったら、その水を流して水力発電をする。全体としてはエネルギーのロスですが、昼間と夜の凸凹をならしているので、システムとしては意味がある。これが、揚水発電の考え方です。いずれにしても昼間にしか発電できないというのは大変な欠陥です。

　太陽エネルギーを利用した発電には、太陽熱発電と

いう方法もあります。ST(Solar Thermal)といいます。太陽熱発電（ST）は、エネルギー密度を高めるために、鏡をつかって太陽光線を反射させ、一カ所に集めます。集めることでエネルギー密度が高くなるので、ものを温めることができる。温めるものを熱媒体といい、数百度程度の低温であれば油が、1000度近い高温になると、溶融塩という、特別な配合をした塩水が、適切だと言われています。この熱媒体によって水を沸騰させて蒸気にして、タービンを回す。水を沸騰させて蒸気タービンを回して発電するところは、通常の火力発電や原子力発電とまったく同じ技術、在来技術です。太陽熱発電の新しい点は、太陽光線を鏡で反射させて熱媒体を温めるところだけで、原理は小学生にも理解できる、極めて素朴なものです。まさにローテクなのですが、そこがよい。

　太陽熱発電の利点のひとつは、ローテクであるがゆえにコスト削減を図りやすい点です。はじめからコストが低い。もうひとつの利点は、熱媒体を使う点です。太陽光を熱に変え、それから発電をするので、一見効率が悪そうに見えますが、重要なのは、電気に比べて熱は蓄積が簡単だということです。あとでご説明しますが、溶融塩はおよそ1000度まで温めることができます。日没の時点で1000度まで温まっている溶融塩は、明け方になってもまだ600度、十分お湯を沸騰させる

高温状態を保つので、夜中でも発電できるのです。太陽熱は太陽光にない、こういう利点を持っている。とすると、極めて将来性のある24時間ベースのエネルギー源だと言えると思います。

　太陽熱発電の問題点は、太陽光線を反射させて焦点に集めるには、太陽光線は平行光線でなければならないという点です。つまり昼間のカンカン照りです。曇りの日には太陽光線は散乱して届くので、鏡で反射させても焦点を結んでくれません。そこで太陽熱発電所は、一年中晴れている場所に設置するのがいいのです。つまり砂漠です。砂漠とは、降水量が少なく一年のうち350日以上晴天が続く地域のことですが、そういう場所は地表のうちかなりの部分を占めます。太陽熱発電所は砂漠に立地すればいいのです。

　世界の全人口のうちおよそ95%は、砂漠から3000キロメートル以内に住んでいます。3000キロメートルは、送電可能な範囲です。ちなみに日本人は、残りの5%。近くに砂漠がない、例外的な場所に住む人びとなのです。

　太陽熱発電所が砂漠に立地するとすれば、砂漠にはふつうは人がいませんから、電力が必要な消費地からかなり離れている。これが太陽熱発電の問題点といえば問題点です。そこで太陽熱発電所から、どうやって消費地まで、安価に電力を送るかという問題を解決す

る必要があります。

　そもそも必要な電力を得るのに、どれぐらいの面積が必要なのか。人類がいま使っているエネルギーを太陽エネルギーでまかなうには、およそ6万平方キロメートルくらいが必要です。これは、北海道よりもひと回り小さいくらいで、地球上にある砂漠の面積のごくごく一部にすぎない。だから太陽熱発電所を建てたとしても、砂漠の大部分は元のままなので、気候への影響は微々たるものでしょう。砂漠がちょっと冷えた分、都会がちょっと温まる。それだけのことです。

　太陽光発電（PV）と太陽熱発電（ST）との違いをお分かりいただけたでしょうか。

●太陽熱発電の原理

　太陽熱発電の集光方式には、大別して4つあります順番に説明しましょう。

　第一は、ディッシュ型といって、図1のようにパラボラアンテナのような形をしています。パラボラは、平行光線が入ってくると、それを反射して焦点に集める。その焦点の位置に、やかんを置けばお湯が沸き、熱媒体を置けば熱媒体が温まるのです。このディスクをたくさん並べて発電するシステムも考えられていますが、主流ではありません。

　二番目は、トラフ型というものです。図2のように八

つ橋みたいに丸めた鏡をずらっと一列に並べ、太陽光線を反射して、その焦点の位置にあるパイプに熱媒体（油）を通します。油はこのパイプを通っているあいだにだんだん加熱されて、水を沸騰させるのに十分な温度になります。あまり高温になると油が発火してしまうので、300度程度。この鏡は可動式で、朝方は太陽が昇る東の方角に向け、昼間はてっぺんを、夕方は反対に西側の方角を向いて、十分太陽光を取り込むように

図1●ディッシュ型の太陽熱発電装置

図2●トラフ型の太陽熱発電装置

図3●タワー型の太陽熱発電装置

図4●ビームダウン型の太陽熱発電装置

図1〜図3はWikipedia「太陽熱発電」の項（http://ja.wikipedia.org/wiki/太陽熱発電）より。
図4は東京工業大学「次世代太陽熱発電所実現へ」（http://www.titech.ac.jp/file/100128_2-tamaura.pdf）より。

動きます。

　この方式はすでに商業発電所として実用化されています。アメリカのネバダ州ブールダール市というところにできた世界最初のトラフ型商業発電所を、私は見学してきました。ラスベガスからドライブして3時間くらいのところにある砂漠にトラフ型の発電所ができている。発電単価は1KW/hあたり9セントであるとのことで、まあ競争力がある。カリフォルニア州にも別の発電所があり、送電網を通じて近隣各州に送られています。

　トラフ型の発電所は簡単でいいのですが、熱媒体をさほど高温にしないために、熱効率がすこし悪く、また、夜間の発電をしていません。こういう点では過渡的なものではないかと思われます。

　三番目のものはタワー型と言われるもので、図3のように高さ100m程度のタワーを建て、そのてっぺんに熱媒体がつまったタンクを設置します。その下にヘリオスタットという3m×3mの平面鏡を1000個～2000個ずらりと並べ、その直径は2km程度です。ヘリオスタットはコンピューター制御で動いて太陽光を反射させ、てっぺんの熱媒体を温める。熱媒体は1000度程度に温められ、それがタワーの下に降りてきて、水を温めてタービンを回すという仕組みになっています。

　タワー型の利点は、トラフ型に比べて熱媒体の温度

が高く、熱効率が高くなり、夜間の発電もできる点です。発電単価はトラフ型に比べてすこし高くなっているのではないかと思いますが、24時間の発電をしようとすれば、タワー型を主にしなくてはなりません。欧州の企業がタワー型を熱心に進めており、地中海周辺、特にサハラ砂漠にタワー型の発電所を多く建設して、ヨーロッパに電力を供給する計画を進めています。

　最後に、ビームダウン型。ビームダウン型は、ヘリオスタットによって太陽光を反射して集めるところはタワー型と同じですが、タワーを建てる代わりに、上方にも反射鏡を並べて、地上で焦点を結ぶという仕組みです。二回鏡を通過することになる点では、タワー型に比べて不利ですが（反射一回につきエネルギー損失10%程度）、地上に熱媒体を置けるという利点があり、しかも太陽の方角がどこにあっても加熱むらがないという利点もあることから、有望視されている方式のひとつです。

　ヘリオスタットは平面鏡でよいのですが、タワーの代わりに立っている反射鏡の方は精密加工された曲面で、しかもガラスでできています。ガラス自体が温まらないように、間にスリットが入れてあり、風で冷えるようになっています。東京工業大学の玉浦裕先生がこの基本設計をして、実験装置をアラブ首長国連邦のアブダビに作成しています。

このようにいくつかの方式がありますが、主流となるのは、タワー型かビームダウン型でしょう。

タワー型もビームダウン型も、鉄とガラスとコンピュータを組み合わせたもの。また、ヘリオスタットはほぼ同型のもので、大量に製造し、遠方から砂漠に持ち込んで組み立てることになるでしょう。これらの生産基地は、先進国か新興工業国のどこかになる。鉄とガラスとコンピュータの組み合わせは、自動車とそっくりです。そういうものを生産ラインで大量生産するのは、自動車を生産できるラインを持っている国なら必ずできる。こういう産業を育成しない手はない。

●高圧直流送電

砂漠から消費地まで送電するには数千キロの送電線が必要になります。従来の交流の送電では、500キロ程度を境に送電ロスが大きくなりすぎて、採算が合わないとされてきた。

そこで注目されているのが、高圧直流送電（HVDC: High-Voltage Direct Current）です。直流にすると遠方まで送電しても、送電ロスがほとんどないということが知られています。送電ケーブルもあんまり特別なものにしなくてもよい。いずれにせよ、ある程度のコストに抑えることができれば、十分有望な送電方式と言えます。

直流送電をするには、発電された交流の電気をいったん直流に変換し、送電されてきた直流の電気を再度交流に変換して、消費者に送らなければならないので、交流・直流変換のロスも考えなければなりません。試算では、この変換ロスは数パーセントらしい。もし数パーセントで抑えられるのなら、交流・直流の変換ロスを考えても、送電コストを低く抑えることができる。

　いずれにせよ、砂漠の真ん中に発電所を立てた場合、送電線は新たに施設することになるのですから、消費地における発電単価がどの程度になるか、慎重に計算してみる必要があります。でも化石燃料も、そして原子力エネルギーも発電に使えない、という状況ですから、砂漠に太陽熱発電所を建設するのが有望な選択肢になっている。アメリカには中西部に砂漠があります。ロシアも中国も、人口密集地帯のわりに近くに砂漠があります。インドや中東もそうです。送電コストをあまり心配しないで、太陽熱発電所を建設できる国は、実は多い。ヨーロッパは、スペインからサハラ砂漠に至る、3000キロくらいの距離を考えれば十分。日本は、一番近い砂漠は内モンゴルです。もしこれを日本に引っぱってこようとすると、北朝鮮は通れないと思うので、黄海、東シナ海を通って海底電線で持ってこなくてはなりません。相当のコストがかかる。日本がいますぐ高圧直流送電を採用することは無理でしょうが、日本の

前に、世界が採用する送電方式であると思われる。

　ちなみに高圧直流送電線は、すでに和歌山県と四国の間に実用線が4本通っていて、日本の企業は実績があります。高圧直流送電を世界で最も進めているのは中国で、西部地区の発電所から沿海部の消費地まで電力を送っています。世界で最も建設実績がある。我が国ではほとんど注目されていないこの技術を、急いで開発する必要があるのではないでしょうか。

●各国の取り組み

　太陽エネルギーの開発を最も積極的に進めているのは、EUだと思います。EUは、地中海連合という枠組みを発足させて、イスラム世界に太陽熱発電所をつくるという将来計画を策定しました。ドイツが熱心で、新聞報道によれば、4000億ユーロの投資を行なって、2050年にはヨーロッパの電力需要の15%をサハラ砂漠由来の太陽熱発電でまかなうとしています。世界の名だたる有力企業は、こぞってこのプランに加わろうとしている。ちなみに日本企業は入っていません。

　アメリカは地中海連合のような野心的で大胆な試みをせずとも、国内で太陽熱発電を組み込んだ電力システムを構築することができます。この構想は「スマートグリッド」と名前がついていて、風力や太陽熱や太陽光や、さまざまな従来型でない発電設備を送電ネッ

トワークの中に組み込んで、最も合理的に電力を配分することをめざす。スマートグリッドは送電の方向が双方向。発電所は、あるときは電気を需要して水を汲み上げ、あるときは発電する。家庭は、あるときは電気自動車を充電し、あるときは放電する。あいだにスマートメーターというものを挟み、電力状況に応じて刻々変動する電気料金と連動して最適に電力を生産するという考え方です。

　従来の旧式の送電網を、この新しいスマートグリッドというネットワークに取り替えていこう、というのがオバマ大統領の提唱です。スマートグリッドの導入には電力を自由に売買する制度も合わせて必要なのですが、日本では業界の抵抗によってまったく話が進んでおらず、ここでも差が開くばかりです。

　中国は、世界最大の炭酸ガス排出国。石炭を使った火力発電の比重が大きい国です。国内には膨大な電力需要があり、世界中から炭酸ガスの排出削減を迫られるという、非常に厳しい立場にあります。そのため原子力発電所をたくさん建てる予定だったのですが、これができなくなりました。そうすると、従来以上に再生可能エネルギーへの転換を迫られるはずですが、雨が少ないので、水力発電所はもう建てる場所がありません。三峡ダムでたぶん最後でしょう。とすれば、残るは豊富な太陽エネルギーです。甘粛省や青海省、内モ

ンゴルや新疆ウイグル自治区の砂漠に、たくさんの太陽熱発電所を建設していくことになるはずです。いま、世界中の太陽エネルギー系のベンチャー企業が中国に日参して、なんとか食い込みを図っています。日本はこの動きに、十年か二十年遅れています。1980年代に当時の通産省がサンシャイン計画というのを進め、薄曇りの日本で太陽熱発電の真似事をし、大失敗したという苦い思い出があります。以来、「太陽熱」と言った途端に出世はなくなるという省内の掟があるらしく、新エネルギー開発に関する文章を見ても「太陽熱」は入っていません。2011年になって初めて「太陽熱」というひとことが政府系の文書に入ったと聞きましたが、従来はまったく無視されていた。それは我が国に砂漠がないからなのですが、世界の大勢が太陽熱発電に向かっているときに、みすみすこのビッグチャンスを逃して、これに関わるいろいろな新技術を受注できなければ、大変な損失になる。日本の雇用などいろいろなところに大きな悪影響があると思います。

● **太陽熱の将来像**

　では、日本がどうすればいいのかを次に考えましょう。

　太陽熱発電所をつくるのには、立地がとても大切です。我が国は当分のあいだ、太陽熱発電所をつくるの

は難しいでしょう。ただ遠い将来を考えると、世界中のエネルギーを太陽エネルギーでまかなうようになったとして、地球中をつなぐ送電網が必要になります。地球をぐるっとマスクメロンのように覆う送電網ができたと考えると、実は電気を蓄える必要がありません。地球の裏側が昼間で発電すれば、夜の側に送電すればいいからです。全体としては、これでかなりのコスト削減になります。そうなるまでの、送電網がぶち切れ状態では、24時間発電のために蓄熱が必要です。ということで、初期の太陽熱発電所は、蓄熱型のものを主体とするでしょう。そして送電網が完成してくると、トラフ型みたいなものでもよくなるかもしれません。そうやって電気代が下がっていくことになります。

　こういう送電網を張り巡らすことができるのは先進国です。あるいは新興工業国です。そして、送電網を建設するには国際協調が必要です。

　国際的なチームを作ってエネルギーをシェアするということは、安全保障をシェアするのとほとんど同じで、大変な外交力がいる。それを主導できるかどうかが、日本の正念場です。でも日本がそんなことを考える以前に、アメリカがイニシアティブをとると思いますので、それを後押ししたらいいでしょう。

　つぎに大事なのは、日本のそばにある砂漠は中国なので、中国と協力関係を結ぶことです。技術的に考え

ると、中国の炭酸ガス排出を少しでも、1億トンでも減らすように、中国に太陽熱発電の発電所をつくる。さらに送電網も受注しましょう。そういう事業を行なって削減した炭酸ガスのたとえば半分を、日本の削減量としてカウントしてもらう。そうしてポスト京都議定書の枠組みをつくり、日本の外交努力として世界に認めさせていく。

　環境協力では、日中は深い絆を結ぶ。それ以外の分野ではアメリカと深いパイプを持つ。という切り分けが、日本の立場として大事だと思います。中国に対して無条件に手を差し伸べられるのは、このようなエネルギー分野における環境協力ぐらいなのですから。

　中国にサインを送るのには、次のようなことが有効です。中国では、この10年間森林面積の拡大に務めていて、統計データを見ると4〜5%森林面積が増えています。これは大変な数字で、中国の面積は日本の20倍くらいですから、1%増えただけで日本の20%の面積が森林になったのと同じ事です。

　さて、森林は徐々に育っていくのですが、完全な森林になったときには、1平方メートルに1.8トンの木材（ほぼ炭酸ガスと考えてよい）が蓄積されるといいます。掛け算をしてみると、中国が排出している炭酸ガスのかなりの量が森林として吸収される見込みだということです。京都議定書には森林のことが入っていません。

中国からすると、森林をカウントしてくれる国際的枠組みだったら入っていい、と思う可能性があります。しかし自分からは言い出しにくいかもしれない。であれば、「中国はこれだけ努力して森林を増やしている。アメリカやインドも見習え」と言ってあげれば、日本は1円もかからずに、中国は大喜び。太陽熱発電所の受注も日本にも何カ所かやらせようと思ったりするのではないでしょうか。

　中国の苦しい事情を助け、中国の国益になるような発言をして国際社会でサポートする。そのことによって間接的に、日本に有利な状況がうまれる。日本企業が中国の環境産業の仕事を受注できる。こういう関係ならば、アメリカも反対できない。これがさし当たっての提案です。

VII
自然エネルギー政策はなぜ進まないのか
封じ込められた地熱・小水力の潜在力

品田知美

●遅滞する自然エネルギー政策

　民主党政権が登場してエネルギー政策変化への期待は高まったが、自然エネルギー政策に革新的変化はみられないうちに、再び政権は交代した。東日本大震災の後に続いた福島原発の崩壊状態が、ようやく政策担当者の目を覚ますだろうか。原子力発電の維持・保護と自然エネルギーの導入政策の遅滞とはコインの裏表であった。よく誤解されてきたことであるが、原子力発電は温暖化対策に不可欠な技術ではない。日本で原発は一次エネルギー供給の1割しか担っていない。現実にほぼすべての原発が停止しつつあるのに、社会はかわらず動いていることがなによりの証左であろう。どの技術的解決が選択されるのか、という問題は科学技術の進歩の度合いや経済性で決まっているわけではなく、狭い利益集団に属するわずかな行為者たちの立ち回りが強く影響する。つまりは、社会の問題なのである。

　本稿では、自然エネルギー政策の遅滞がなぜ生じてきたのかについて、地熱や小水力という技術分野で起きたことを手がかりに考えたい。結論から述べるなら、原子力エネルギー利用の必然性を利益集団が保とうとするが故に、これらの自然エネルギー利用は抑制されてきたと考えられる。

　日本政府は2010年6月に「エネルギー基本計画」

を閣議決定したが、2020年までに9基の原発増設など を中心にすえ、自然エネルギー（＝再生可能エネルギー） は10％程度にとどまった。政権交代前の長期エネルギー需給見通しが、地熱と水力を加えて8％であったので、少し上がったとはいえ、代わり映えしない。むしろ、10年以上にわたって停止状態にあった高速増殖炉もんじゅの運転が再開されるなど、原子力業界を勢いづかせる機運すら高まった。

　一方、ヨーロッパにおける政策の状況をみると、2020年までに再生可能エネルギー（自然エネルギーとほぼ同義）をEU全体のエネルギー消費の20％にするという目標が、2008年12月に政治的合意を終え、国別目標値が掲げられている段階にある。この目標と関連した動きとして、国内でも2020年までに自然エネルギー20％の導入をめざそうという「自然エネルギー20/20」キャンペーンが、NPOなどの提唱で2006年秋から繰り広げられた。このように、日本にも市民や専門家に自然エネルギー導入を主張する人々は多いし、熱心に提唱や主張がなされてきた。技術は日進月歩で進んでいるのに、なぜ政府の腰はこうも重いのだろうか。

　2009年の秋には、緊急の駆け込みで「太陽光発電」のみのFIT（Feed-in Tariff／固定価格買い取り制度）を導入した。FITは導入すれば効果的というものでもない。すでにEU各国では多彩な導入事例が知られているか

らだ。太陽光のみのFITという政策を導入した国イタリアでは、運用面が複雑なため、導入が伸びず、失敗例とされることもある。EUの中では自然エネルギーに対して、積極ではない国の一つであるイタリアと、ほぼ同様な制度を日本が導入したことは偶然とは考えにくい。つまり、各方面の声におされて導入したという実績をつくりつつも急激な変化が起こらないような政策に、あえてとどめたということだろう。

　関係者の尽力で、まさに震災が起きた2011年3月11日に、固定価格買い取りを太陽光のほかに、風力、水力、地熱、バイオマスのFITを導入するという閣議決定がなされた。東日本大震災の後ですらすんなりとはいかず、菅直人元首相が辞任とひきかえに2011年8月、法案を通した。だが、その後も買い取り価格の設定を低めに誘導したり、系統への接続を電力会社が拒否しようとしやすくするなど、法案の骨抜き化をはかろうとする動きが続いている。しかも電力会社が消費者に価格転嫁をしてかまわない、という条文とセットで、値上げがしやすくされている。

　後に振り返った時に、多くの人が後悔するかもしれない非合理的な意思決定が、自然エネルギーにかかわる政策領域でなされてきたのではないだろうか。歴史をたどると、現場をよく知る技術者や専門家たちの判断が無視され、既得権益を持つ人々の都合を慮った意

思決定が企業の幹部、官僚や政治家たちによってなされ、その結果多くの市民がひどい不利益を被るという構図は、日本ではいやというほど繰り返されてきた。

その最も惨い事例の一つを、水俣病をめぐる紆余曲折と被害拡大にみることができる。水俣病は、公式確認が1956年であるにも関わらず、チッソの排水が原因と政府が公害認定したのは、実に12年後の1968年である。後に原因と確定した有機水銀説は、1959年には熊本大学医学部によって十分に実証的な検証を経て発表されているのに、チッソや化学業界は中央の学者を動員して、農薬説や爆薬説、有機アミン説といった珍説を作り出し、マスメディアはこれを有力な「反論」として取り上げ、原因がわからないという世論を作り上げた［出典▶1］。また、当時のチッソ工場排水との因果関係がかなり明確になってからも、産業保護を至上命題としていた通産省にとって、操業停止措置などは考慮の外にあったといわれている。その間に患者は拡大し続けた。さすがにごまかしきれなくなってから、最後に公害認定を決断したのは、厚生大臣であった。

そして、地域住民が被害者集団と一枚岩にまとまっていたわけではないことも事実である。当時の時代背景のもとで、市長をはじめとして地元の有力者たちは企業や官僚など中央の支配層の側についていた。水俣病患者は地域でも差別されていたのである。水俣病の

教訓から学ぶならば、事態の進展を遅らせた責任を負うべき関係者は意外に多い。既得権を持つ企業の経営陣、官僚、地元の政治家および有力者、中央の政治家、動員された学者、そしてマスメディアである。宇井純は『公害の政治学』の結論部分ではっきりこういっている。「いかなる形であれ、結論を引きのばし、あいまいにしようとする者は、結果として加害者に味方する者」であると [出典▶2]。

本稿では、この教訓を手がかりとして、自然エネルギーの潜在力を紹介し、過去に環境にかかわる政策の進展を遅らせてきた関係者たちの動向を拾うことで、現在進行中の自然エネルギー政策の遅滞という社会現象を読み解いてみよう。

● 日本の風土からみた自然エネルギー

どこで用いられても同じパフォーマンスが得られる化石燃料とは異なり、自然エネルギーは風土の特性を考えることが必要だ。風土とは、単なる自然環境という意味合いを越えて、文化や歴史性を組み込んで人間を存在させている環境である。やはり、なじまないものは浸透しきれないと考えるならば、欧米で利用の歴史があり導入が進んでいるために日本で推進されている風力発電よりも、有力な自然エネルギーがあるのではないだろうか。

日本の自然環境の特徴は、モンスーン気候のために降水量が多く生物資源の生産力が高いことだ。7割が森林に覆われている先進国は多くない。放っておいても草木が繁茂する自然環境とは、太陽光と水の双方に恵まれた土地であることを示している。つまり、太陽とバイオマス、水力などの自然エネルギーが有望だということになろう。また、日本は地震大国であると同時に、その裏返しとしてめぐまれた温泉という地下からの恵みを存分に活用してきた歴史を持っている。したがって、地熱という自然エネルギーにも十分な期待ができるはずだ。

　ただし、緯度が比較的低いことから強い太陽光が得られるといっても、降水量が多いため、日照時間が比較的短くなってしまう。この特徴は、太陽エネルギーにはあまり有利に働かない。太陽エネルギーの直接利用には日照時間の長さが決定的に重要なファクターになるからである。

　風土の特徴を考えると、世界中で自然エネルギーの導入が拡大しているなか、日本でバイオマス、水力、地熱という自然エネルギーの利用にあまり進展がみられない現状は、奇異に映る。特に地熱については、2008年に米国の環境学者レスター・ブラウン氏が来日した際の講演で、「日本は地熱発電で国内電力の半分、もしかして、全部を賄えるかもしれない。なぜしない

のか?」と発言したことはよく知られている [出典▶3]。ブラウン氏のみならず、世界の識者の多くが首を傾げている。

実際に、さほど地熱導入に積極的とは見えない経済産業省の報告書ですら、これらの自然エネルギーの潜在力は十分に高く見積もられている。地熱発電に関する研究会の中間報告書（2009年6月）では、日本が世界第3位の地熱資源量を有し、その値が20,540メガワットであることが示されている。より緻密なGIS地熱資源量評価を重ねた産業技術総合研究所の村岡洋文氏によれば、既存技術で経済性に見合う浅部のみで見積もったとして、23,470メガワットが可能だとされる [出典▶4]。2009年時点では540メガワット程度の発電しか行なわれていないので、控えめにみてもこれだけで、40倍以上に増やせることになる。

また、水力発電は、すでに大規模なダムなどによる設備を中心に日本の総発電設備容量の8.7%を担っている [出典▶5]。小規模な水力発電のポテンシャルを経済産業省はまともに試算すらしていないが、全国小水力利用推進協議会の試算によると、2010年時点の技術・経済環境のもとでも、3,000-5,000メガワット程度が利用可能と見積もられている [出典▶6]。

つまり、日本には地熱と小水力だけで、2008年時点の総発電設備容量261,570メガワットの10%程度をま

かなえる潜在力があると見積もられる。現時点では、ほぼゼロに等しいことを鑑みると、エネルギーの自給率の低さが問題視され続けてきたにもかかわらず、まったく政策が進展していないという現状は明らかだ。

　科学技術的にみて十分な潜在性がありながら、ここまで自然エネルギー導入が遅滞した理由としては、社会的な問題が疑われる。以下では地熱と水力のそれぞれについて、技術の現状や、関係集団や制度の状況をみておこう。

●地熱技術の最前線

　まずは、ポテンシャルの大きい地熱技術をとりあげたい。日本の地熱発電の歴史は古く、1919年に海軍中将山内万寿治氏が大分県で掘削に成功し、後を引きついだ太刀川平治博士が1925年に成功したといわれている［出典▶7］。その後初めて発電所が運転開始したのは1966年で、以来18地点で20プラントが運転しているものの、過去10年にわたって新設されなかっただけでなく、設備容量は減少気味である。産業技術総合研究所の村岡洋文氏は、これを「日本の地熱開発の失われた10年」と解説している。政策を振り返れば、1997年には新エネルギー法◆から除外され、

◆新エネルギー法……1997年に成立した「新エネルギー利用等の促進に関する特別措置法」のこと。二酸化炭素の排出量が少ない、化石燃料に代わるエネルギーとして、太陽光発電や風力発電などが指定されている。

◆RPS法……RPS（Renewable Portfolio Standard）法の略で、2003年に施行された「電気事業者による新エネルギー等の利用に関する特別措置法」のこと。電気事業者に、新エネルギーなどによってつくられた電気を一定以上の割合で利用することを義務付けたもの。

RPS法◆の対象からもはずされた。政府予算は地熱の技術開発費を削減し続けて、ほぼゼロとなった。政策は地熱を見捨ててきたようにみえる。ところが、その間世界の地熱発電は1985年から2005年にかけて倍増していたのだ。なぜか潜在可能量がある国で地熱開発を進めていないのは日本だけであった。

　地熱発電のしくみは、火力発電と似ている。蒸気の勢いでタービンをまわすところは同じだが、化石燃料を燃やして水を蒸気に変えている火力発電所と違い、地熱発電では直接地下から蒸気を取り出す（蒸気フラッシュ発電）。少し温度が低い場合には、水よりも低温で沸騰する媒体を蒸発させて、タービンをまわしたほうが効率的になる場合があり、この方式をバイナリー発電という。媒体としては、ブタンやペンタン、アンモニアなどが使われている。日本ほど地熱資源が豊富でない海外ではこちらが主流となって建設が進められてきた。いずれにしても化石燃料を燃やさないので、二酸化炭素を排出しない。エネルギー源はほぼ無尽蔵と考えてよい地球内部のマグマである。

　理論的には深く掘って行けばマグマに近づくため、世界中に地熱資源利用の可能性があるわけだが、天然水はそこまで深く浸透しない。浅いところにマグマが上って来ている日本のような地域では、水と熱が出合う確率が高まるため大変に有利である。浅ければ掘削

や維持管理にかかるコストが抑えられるからだ。このため地熱資源では地温勾配という数値が重要とされる。通常は30℃/kmくらいのところ、地熱発電の適地は日本の場合100℃/kmくらいまでが目安にあげられているようだ。ヨーロッパなどでの基準は、50℃/kmまでが優位性のある箇所となる。近年、事前の探査技術が向上し掘削コストが下がってきたため、適地はさらに深部へと広がりつつある。

天然水が都合よく浅いマグマの近くにたまって吹き出す、というような恵まれた地域は日本にたくさんあり、これが世界に冠たる温泉文化を築いた。そのような風土にめぐまれない世界では、温度勾配のある場所に、水を注入して戻ってきた熱水で発電をしようとする高温岩体発電などの新しい地熱発電の方式がにわかに脚光を浴びてきた。まだ日本ではなじみが薄いが、より発展系として涵養地熱発電（Enhanced Geothermal System）という技術開発が急速に進められている。この方式は、井戸から水を注入して圧力をかけて別の井戸から熱水を取り出すため、基盤が浸透の少ない花崗岩質であることが求められており、日本でも科学調査の結果、有望な候補地も8カ所示されている［出典▶8］。

高温岩体発電は、1970年代にアメリカのロスアラモス国立研究所が提唱して以来、世界各地で実験が続けられてきた。日本でも、電中研（電力中央研究所）を

中心に、NEDO(New Energy and Industrial Technology Development Organization／新エネルギー・産業技術総合開発機構)などとともに手厚い研究開発が取り組まれ、実証段階を経てコスト試算などもすでに行なわれている。電中研の試算では近年の掘削費の下落を織り込むと、発電単価は9円/kWhまで低下する見通しである。この単価は、下落傾向がみられる太陽光発電がまだ40円/kWh以上の現状にあって、目標が20/kWh円代であるのと比べれば驚異的な安さであるといえる。このように技術的にほぼ確立し、経済性もあるとされるエネルギーの導入が進まない理由はどこにあるのだろうか。

●**地熱へ向かう世界と遅滞する日本**

　技術的な蓄積が日本に十分あることは、技術者たちが世界の現場でプロジェクトに積極的に関わっていることからも明らかだ。だが、技術が商用レベルに達した後、科学技術の専門家たちにできる仕事はあまり多くない。税金を投入し、技術を蓄積したあと、あろうことに政府は事業をうちきって放置した。電中研が2002年に高温岩体発電の技術マニュアルをすでに作成している段階まできているのに、2009年6月の「地熱発電に関する研究会中間報告」では、新技術として触れられているのはバイナリー発電のことでしかなく、

高温岩体発電は議論の対象にすらなっていないのは、奇妙である。

　その間に世界の政府や投資家たちは、新しい地熱技術を用いたプロジェクトの投資に積極的に動いた。オーストラリアでは、政府機関と民間企業が出資して大規模な高温岩体発電プロジェクトが複数始動している。このうちクーパーベイズンで掘削が行なわれたプロジェクトには、日本で実証試験を終えた電中研のグループが共同研究契約を結び参画している。また、グーグルは、次世代型の地熱発電に積極的な企業の一つで、2008年に1000万ドルをオーストラリアの地熱システムに投資した。

　村岡洋文氏は、地熱産業を育てるためにはいま政策が集中投資するべきだと主張する。2009年時点では、まだ世界の地熱タービンの半分は日本製だ。例えば、東芝は、2011年4月にニュージーランドの地熱発電所8.3万kW級のもの2基分にあたる設備を受注した。政策的な支えも国内の新規需要も得られない中で、日本の企業はよく持ちこたえている。だが、世界の地熱産業はその間に一歩抜け出しつつある。富士電機システムズは、小型バイナリー発電の商品化をすすめてきたが、日本でようやく国産第一号のバイナリー発電の実証試験が始まったのは2006年である。そのころには、世界中で商用のバイナリー発電が多数建設されていた。

なかでも、有名なのは米国のオーマット社といわれる。その時期に至って、2008年に経済産業省はバイナリー発電を、いまさらながら「新エネルギー」に指定したところだ。

　小型のバイナリー発電は既存の温泉施設などで使われずに捨てられている熱水や蒸気なども利用できるため、新たな掘削もなくすぐに導入できる現場も多い。そこで障害となっているのが、電気事業法で求められているボイラー・タービン主任技術者の常駐義務である。この規制を緩和するよう2009年に政府の規制改革会議に提案がなされたが、却下されてしまった。理由は安全性の根拠が不十分とのことだが、小型バイナリー発電は海外ではユニット化されて販売されていて実績があり、容易に安全性の検証はできるはずであろう。ようやく2013年4月より、この規制は緩和された。

　ただし、地熱発電への最大の反対勢力は温泉地の住民かもしれない。2008年、嬬恋村の地熱発電所建設計画が明らかになると、隣町の草津温泉がある草津町議会はすばやく反対決議を採択。大規模な町民集会を開催して、町長は環境省と国交省に陳情に出向いた [出典▶9]。問題は、科学的な調査などのデータなしに温泉地側が絶対反対姿勢を決定していることだ。専門家は、調査すれば影響が及ぶかどうかわかると主張しているが、嬬恋村は立証をするための調査資金が捻出できな

い。結局、掘削調査すらできないうちに、NEDOの補助金調査から漏れて嬬恋村の計画にその後の進展はみられなかった。

●**小水力発電の技術と経済性**

では、もう一つの風土になじむ自然エネルギーとして伝統ある水力はどうだろう。

日本における水力発電の歴史は地熱発電よりも古い。1882年に島津家の「磯庭園の水力発電所」がつくられて以来、1880年代には産業・商業用の水力発電所の建設が進められた。そのうちのいくつかは、100年以上にわたり現在に至るまで電気を供給している。戦後大規模な水力発電所がつくられた一時期、一次エネルギーの4割、電力の7-8割を水力が担っていたこともある［出典▶10］。化石燃料が入手できないとき、頼れるのは国産エネルギーとしての水力だった。かつて、地方の農山村で自前の小規模な水力発電設備を持っていた地域も多い。放置されて休眠状態だった設備を更新し、運転を再開させるケースも増えつつある。

古くから確立されてきた小水力発電技術のしくみは単純である。流れる水の力で水車をまわして発電する。水車の形状には様々なデザインがあるが、基本的に発電量は落差と流量で決まるとされる。水力発電機の技術は急速に洗練、発展しており、いまではインターネ

ットの通販で小型の水力発電機を買うこともできる時代だ。流れのある小川や水路などに投げ込むだけで自家発電できたり、ダムや堰をつくらずに設置できる装置も開発されている [出典▶11]。ただし、100kW未満のマイクロ水力分野では機器の開発が遅れていて [出典▶12]、産業界も大規模な水力発電設備中心でやってきた時代から、発想が転換しきれていない。

　国土の至るところに滝がある。つまり落差のある水が流れており、流量のある農業用水が田んぼをうるおしている日本では、小水力発電が設置可能な場所には事欠かない。とりわけ有利なのは、里と山が出合うところ、すなわち古くから集落がつくられてきた農山村地域が水力発電の生産地となりうる。

　小水力発電の発電単価には諸説あり、評価が定まっていない。設置場所や設備の選び方いかんによって差が大きいからであろう。日経エコロジー2010年2月号には、12円/kWhという数字が示されていた。愛知県東郷発電所の実稼働データで6円/kWhの原価が示された事例もある。基本的には落差と流量によって適切な水車を選んで個別機器を設置する方式がコストを引き上げる。丸紅が2009年2月に稼働させた小水力発電では、汎用品を並べるという手法をとって建設コストを抑えた。風力発電とちがって、現時点では水力発電機が量産体制にないために小規模のものは相対的に

高価となっているようだ。

● **小水力発電の普及を阻むもの**

全国小水力利用推進協議会が2009年11月に経済産業省に提出したパブリックコメントによると、現在1台ずつ生産している発電機を20台程度のロットで生産できれば価格は1/2、90台ずつなら1/3と大幅な価格低下が見込め、石油価格が高止まりしている場合の石油火力発電所と同等レベルの発電単価に近づき、買い取り価格を25円/kWh程度に定めれば大きな普及拡大が見込める、と述べている。現在太陽光のみで実施中の買い取り価格は40円代であるから、その半分程度でもよいという謙虚な要望だ。2012年7月から始まった固定価格買取制度では、概ね要望にそった価格となった。

小水力は、バイナリー方式の地熱と同じ2008年に1000kW以下のものに限り新エネルギーに指定され、新エネ法とRPS法の対象となった。初期投資にかかるコストを補助金で補える制度も存在している。だが、問題はここからである。複数の官庁にまたがる認可手続きが煩雑なのである。

流水の種類によっては、水利権を取得しなくてはならず、設置主体によって河川法の許可を得なくてはならない。また、電気事業法による規制により、

1000kW未満なら外部委託が可能だが、1000kW以上になると電気主任技術者の選任が必要となる。また水力発電は10kW以上になると電気工作物の指定を受けるため、保安体制の確立や工事計画の届出が必要となり、ダム水路主任技術者を選任する必要がある。こちらは外部委託がきかない。風力は、20kW以上が電気工作物とされていたため、ハードルは水力の方が高かった。

　2009年12月に出された総合資源エネルギー調査会の小型発電設備規制検討ワーキンググループは、規制緩和の要望を受けて検討した結果、電気工作物の指定を20kW未満とし、ダム・堰を有さない20kW～200kW未満の水力発電の場合にはダム水路主任技術者の選任や工事計画の届け出を不要とした。関連する業界団体である小水力発電協議会などが地道に努力を続けた結果、ようやく一歩前進した。けれども、流量が$1m^3/s$未満という追加規則が新たに加わり、この規制撤廃が求められている。

　さらに、もう一つの関門である水利権を新たに得るためには、多くの関係者と協議して国交省から許可を取得する必要がある上、水利権を保持していても10年以上取水していなかった場合に、「遊休水利権」と見なされ取り直しを求められた事例もある[出典▶13]。戦後まもない昭和29年につくられた熊本県荒瀬ダムの水力

発電所をめぐっては、漁業組合が2010年3月で切れる水利権の延長に同意しなかったので、撤去することが決まった。小水力発電の規模に関わらず水利権の許可を必要とすることが、手続きの煩雑さをもたらしている。

●**地熱・小水力の潜在力はなぜ生かされないのか**

　地熱と小水力という自然エネルギーにはいくつか共通の特徴がある。初期投資がほとんどのため当初は高くつくが維持費が少ない。発電設備が工場で量産される体制がまだ十分整っていない。しかし、いったん設置されれば設備稼働率が高く、長期間にわたって設備更新を必要とせず、安定した発電量が見込める。古くから人々が親しんできたエネルギーであるがゆえに、権利関係が複雑で合意を得るための手続きが必要となる傾向がある。

　これらの特徴を、化石燃料を代替する他のエネルギーと比べてみよう。初期投資が高くつくのは、原子力や太陽、風力などでも同等で、当初に公共の積極的な支えを必要とする点は同じだ。経済性でいえば、太陽光の方が地熱や水力よりも高くつくことは明らかで、電力会社に買い取らせた余剰電力の費用を、電気利用者すべてに負担させる制度まで導入して実施されている。もし地熱と水力ならば上乗せ負担はいらなくなる

可能性もある。つまり政府は、コスト以外の理由で、自然エネルギーの取捨選択をしているのだ。

　地熱と小水力でなく太陽光が重視された理由はどこにあるのか。工場での量産体制が最初の手がかりになりそうだ。太陽電池の生産メーカーは日本のモノづくりを象徴する大企業が名を連ねる。高いということがむしろ歓迎され産業規模の大きい業界団体の意向が、景気対策と合わせて入り込んだということではないか。さらに、太陽光や風力などの不安定な自然エネルギー源の方が優遇されてきた理由は、一見すると系統連携の側面からは不利なようだが、あまり増やせない理由が維持されて、実は電力会社からみれば好都合である。

　地熱や水力は安定した発電量を得られるので、系統連携が不安定になるという理由から拒否することは難しい。また、原子力発電や調整が難しい大規模な化石燃料の発電が余っている夜間にも地熱や水力の電気を供給できてしまうので、原発不要論を助長する。すでに原子力発電の余剰電力が夜間に余っているため、オール電化をやっきになって推進している電力会社にとっては、経営的にも迷惑となる。これまで、水力発電所は原子力発電所の電気が余る時間帯に水力発電を揚水発電に変えて運用している場合が多かった。つまり、もったいないことに水力発電の設備を十分利用せず原子力発電を優先させていたのである。昼間のピー

ク時の発電が主流の太陽光であれば［出典▶14］、ベース電源と競合しにくく電力会社に買い取りの合意が得やすい。

　しかし、これでは政府が太陽光発電関連メーカーと電力会社のために制度を整え、消費者に上乗せ料金を負担させるという構図となり、需要側にはなんらメリットがない。また、次世代の産業という視点でも、技術蓄積の強みのある地熱や水力の関連産業を育てず、まっとうな市場競争を妨げて打撃を与えてしまう可能性がある。合理性のない政策決定の連続では、原子力をめぐる利権の存在を疑われて当然であろう。震災後のメルトダウンによって原子力発電の信頼が地に落ちても、原子力がなくては日本がどうにもならない、という姿勢を政府と電力関係者は主張しているが、実はほかの選択肢は十分にあるということが隠蔽されている。原子力発電には、毎年膨大な税金がつぎこまれる。平成23年度の「京都議定書目標達成計画関係予算」で直接の削減効果があるとされたエネルギー転換部門の予算では、原子力は1,179億円に対し、新エネルギーは全部まとめて707億円にすぎないのだ。

　なぜこれほどまでに電力会社の意向が政策に影響を与えているようにみえるのか。第二次世界大戦前後の制度改革が、現在まで尾を引いている可能性がある。国家は、明治以来乱立していた電力会社を戦時体制下

で接収し、戦前から戦後の一時期、日本発送電株式会社と9配電会社が統制していた。戦後、GHQは日本発送電を解体することに重きをおき、9配電会社の主張にそった9電力会社分割案を支持した。結果として電力会社は民営化されて、国家統制を免れたが、発電／送電／配電を地域の電力会社1社が地域で独占する体制が構築された。この垂直統合体制は、20世紀後半の産業構造の中で安定した電力供給を可能としたことは確かだが、21世紀で期待されるシステムには弊害が大きい。いまの独占体制では分散型の自然エネルギーを取り込むメリットが、電力会社にもほとんどないからである。原発事故をきっかけに、発送電の分離が何度となくメディアの話題にのぼった。実際に進展するかどうか注視したい。この点が極めて重大であることを自覚している当事者たちは、なんとしても独占体制を死守しようと、あらゆる理屈を並べて抵抗するだろう。

メディアは、いまだこの既存の強固なシステムに自覚的であるようにはみえない。残念だが、官僚の発表を横流しする報道が続いている。例えば、2012年2月14日付け朝日新聞の、「国立公園で地熱発電後押し 環境省、設置規制緩和へ」という記事は、政府は先進的に動いているというイメージを与えている。ところが、区域内へのタービン建屋や送電線の設置も認められな

い非常に限定的な動向なのである。ガス抜き程度の規制緩和策をようやく検討する、というガラパゴス化した政府の状況に対して、遅きに失すると批判的にとらえている様子はない。今回の事故時に明るみに出たとおり、記者や多くの専門家たちは原発関連の潤沢な予算で実際に潤っており、飼いならされてしまっている。

　そして、水力や地熱施設の導入は、温泉業者や水利権を有する農業組合や漁業組合などの地域住民の同意に阻まれることもある。原子力発電のように立地に際して交付金が出ている訳ではないなかで、気候変動のために自然エネルギーを導入することへの重要性は、人々に浸透していない。

　既得権益を守ろうとする企業、官僚、地元の政治家および有力者とその関連団体、そしてメディア。水俣病の解決を遅滞させた関係する行為者たちと同じような顔ぶれが、ここにも出そろった。ひとたび原発の事故ともなれば大量の御用学者が動員され、批判をする専門家たちはマスメディアに決して登場しない。日本人は水俣病からなにも学ばなかったのだろうか。

　しかし、この利益集団による蜜月は地球温暖化による甚大な影響を私たちが被る前に、未曾有の大震災という形で終わりを告げられた。世界がティッピングポイントにあることを認識できていなかった日本という社会に、自然は手ひどい殴り込みを入れてきた。原子力

発電所が最も得意としていたはずの電力の安定供給が、実際にできなくなるという非常事態が起きてしまった以上、エネルギー政策は根底から揺らいだはずである。

　2011年3月11日を日本の戦後にたとえて再出発するなら、電力会社の発送電独占状態を解体することから始め、自然エネルギーの導入を思いきって促す好機である。支払った代償は極めて大きいが、この災いを転じて、日本が世界最先端の分散型自然エネルギー立国となることを期待したい。

●出典

[1] 『ごんずい』113号, p.5(財団法人水俣病センター相思社, 2009)
[2] 宇井純『公害の政治学』三省堂、1968
[3] レスター・ブラウン氏 (Lester R. Brown・アースポリシー研究所所長)2008年6月6日, 上智大学における講演
[4] 村岡洋文「パラダイム転換としての地熱開発推進」(2009), Gate Day Japan シンポジウム講演資料
[5] エネルギー白書2011年版による、2010年度のデータ
[6] 「特集：ニッポンの自然エネルギー」,『日経エコロジー』2010.2
[7] 地熱学会HP, http://wwwsoc.nii.ac.jp/grsj/index.html
[8] 『電中研レビュー』No.49
[9] 「インサイドアウト」,『日経エコロジー』2009.2
[10] 小林久「小水力発電の可能性」,『世界』2010.1
[11] シーベルインターナショナル, http://www.seabell-i.com/stream.html
[12] 山田茂登・大和昌一「V.新エネルギー　5) 地熱発電/マイクロ水車」,『火力原子力発電』Vol60. No10(2009)

[13] 「特集：ニッポンの自然エネルギー：小水力」、『日経エコロジー』2010.2
[14] 産業技術総合研究所HP「太陽光発電の特徴」, http://unit.aist.go.jp/rcpv/ci/about_pv/feature/feature_3.html

VIII
EVとスマートグリッド

長山浩章

本章では炭素排出量削減の大きな鍵となりうるEV（Electric Vehicle／電気自動車）とスマートグリッドの普及についての課題を検討する。

1. 日本における電源構成の変化と
　EV／スマートグリッドの役割

東日本大震災の影響を受けて、今後我が国の電源構成は大きく変化することになる。それは原子力発電の割合が減少し、出力変動の大きな太陽光、風力などの再生可能エネルギーが大きく入ることになり、周波数変動の対策と余剰電力対策が問題になっていくことである。またこれと共に電力会社（一般電気事業者）も輸入燃料費の拡大や、料金原価に含められるコストの削減により、新しい設備投資の余力がなくなり、新たなピーク対応の電源を確保しにくくなる。こうした中で、スマートグリッドやEVによる負荷調整、平準化に果たす役割は極めて大きなものになる。

図表1(上)は2011年時点（東日本大震災前）での電源構成である。昼間需要と夜間需要の差を埋めるものは固定費が安く、燃料費などの変動費の高い石油火力やガス火力発電である。これらは電力需要の変動にあわせて負荷追従しやすく、需給の調整機能を持つ。図表1(下)の2030年では再生可能エネルギーがこれま

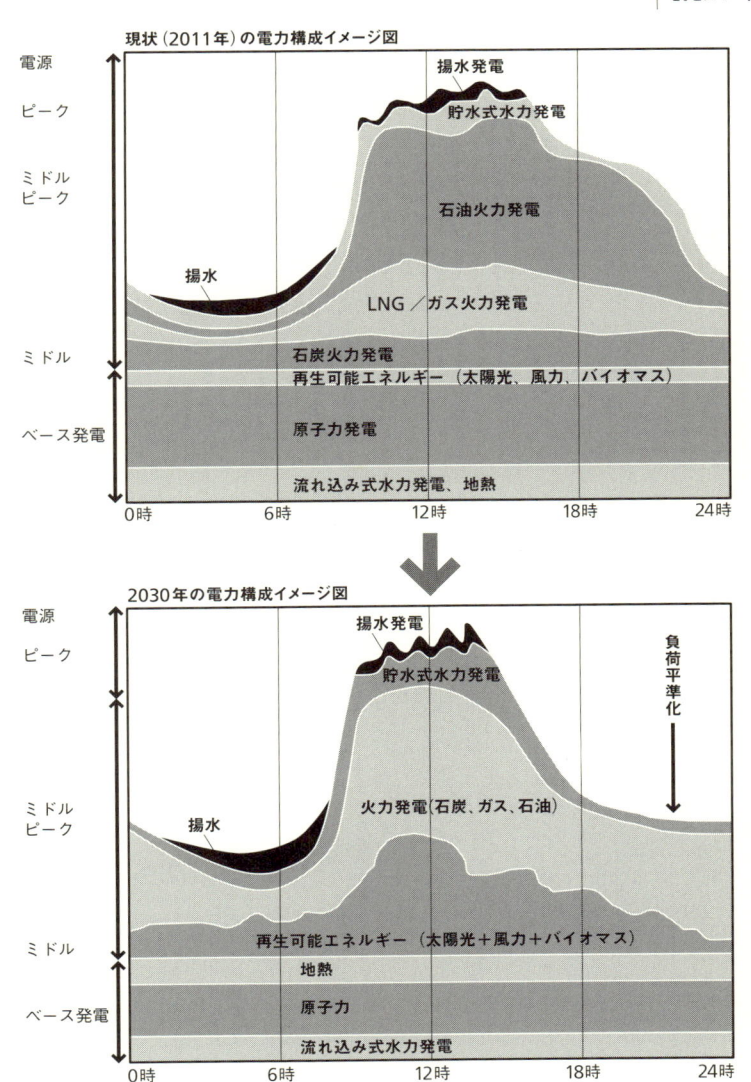

図表1●電源構成の変化

現状（2011年）の電力構成イメージ図

電源ピーク / ミドルピーク / ミドル / ベース発電

- 揚水発電
- 貯水式水力発電
- 揚水
- 石油火力発電
- LNG／ガス火力発電
- 石炭火力発電
- 再生可能エネルギー（太陽光、風力、バイオマス）
- 原子力発電
- 流れ込み式水力発電、地熱

0時　6時　12時　18時　24時

2030年の電力構成イメージ図

電源ピーク / ミドルピーク / ミドル / ベース発電

- 揚水発電
- 貯水式水力発電
- 揚水
- 火力発電（石炭、ガス、石油）
- 再生可能エネルギー（太陽光＋風力＋バイオマス）
- 地熱
- 原子力
- 流れ込み式水力発電

負荷平準化 ↓

0時　6時　12時　18時　24時

出所：現状は電気事業連合会 Infobase を参考に作成、2030年は筆者作成

でとは異なる規模で電源構成に入ってくることが予想されることから、これまでは負荷追従で大きな調整機能を果してきた石油火力、ガス火力だけでは対応できなくなり、大幅な負荷平準化と大きな蓄電池投資が必要となってくる。

　こうした中でスマートグリッドはITを活用してピークを抑え負荷平準化させるのに有効である。EV／PHEV(Plug-in Hybrid Electric Vehicle／プラグインハイブリッド車）が本格的に普及してくると主に夜間電力（通常は原子力）を使って充電し、昼間使用することが想定されるので、夜間停止している既存発電設備の稼働率を上げることができる。これまで日本の一般電気事業者が主張してきたのは「日本の送配電網はすでにIT化されていてこれ以上投資しようがない」ということである。確かに日本では送配電網は故障力所についてはすぐに発見できるような配電自動化システム（DAS: Distribution Automation System）が導入されている。しかしこれは中央集中管理型の電力システムの供給者からの発想で一方通行のシステムである。今後はスマートメーター◆を入れ、自動検針を行ない、需要家のデータをとることで卸売市場を通して需給調整ができるような仕組みができれば双方向での調整ができるようになる。

　具体的なピークを抑えるための手法は、デマンド・

レスポンス（DR: Demand Response）と呼ばれ、需要家に価格シグナルを与えることによりピーク需要を抑制する。これは需要削減を促す料金体系を提示し需要家と双方向通信を行ないスマートメーターで時間別に計量を行なうものである。この際、デマンド・レスポンスプログラムを通じて需要家情報を持っておくことは電力会社にとって重要である。これはカスタマーセグメントごとに電気を使うパターンの情報（これは家族構成、生活パターンに依存）を持つことにより、どのカスタマーセグメントがどの料金プログラムにどのように反応して、どのくらい電力使用量を減らすか、データとして蓄積できることになるからである。これによって電力会社はピーク需要からどのくらいセーブしたいかによって、適当な需要対応を行なうカスタマーセグメントを選び節電を打診することができるようになる。例えば、新電力のエネット社では同社の需要家（個人）に翌日のDR（デマンドレスポンス）スケジュールを携帯に送り、その計画通りに電力使用を抑制した場合、ポイントを付与する。これにより大幅な需要カットに成功した。

現在のシステムでは新電力の需要家には託送電力量の測定用の一般電気事業者（例えば東電）のメーターが設置されている。このデータは一旦、一

◆スマートメーター……「スマートメーター制度検討会報告書　平成23年2月　スマートメーター制度検討会」によると、スマートメーターの概念については、諸外国においてもこれまで様々な議論がされているが、電力会社等の検針・料金徴収業務に必要な双方向通信機能や遠隔開閉機能を有した電子式メーターであるとの考えが一般的である（いわゆる「狭義のスマートメーター」）。さらに、これらに加えてエネルギー消費量などの「見える化」やホームエネルギーマネジメント機能等も有したものであるとの見方もある（いわゆる「広義のスマートメーター」）。

般電気事業者のメーターから一般電気事業者のセンターサーバー(ネットワークサービスセンター)◆に収集され、その後当該新電力に配信されている。しかしこれまでこのデータは一部の新電力を除いて有効に使われていることがなかった。配電会社(例：東京電力の配電会社であるパワーグリッド・カンパニー)が独占している需要家の情報の公開が今後の検討課題になる。メーターのデータは、物理的には電力会社が所有しているが、実質は需要家のものであるため、需要家はもちろんのこと、需要家の承諾があれば、第三者(省エネサービス等を行なうサービス業者)でも電力会社(ネットワークサービスセンター)から入手することができるようにする必要がある。平成23年2月のスマートメーター制度検討委員会の報告書では「第三者への効果的な情報提供のありかたについて、ニーズ等も踏まえて検討」、「プライバシーセキュリティの観点から個人情報保護制度に則った対応が必要」との検討結果がでている。個人情報を保護しながら上手にデータを活用させる仕組みづくりが求められている。

　スマートメーターはこの他にも多くのメリットがある。現在の月間使用量しか測定できない機械式の配電メーターでは、需要別の時間帯別ロードカーブは想定値にならざるをえず、割り切った原価配分しかできない。しかし、スマートメーターが導入されると、需要別の

時間帯別ロードカーブが正確に把握できるようになり、現在の原価配分が大きく変わる可能性がある。具体的には時間帯別の負荷の内訳の把握が可能になり、原価（基本料金なら固定費相当、電力量料金なら燃料費等）を負荷比率に応じて配分できるようになる。例えば、夏季のピーク時間帯に負荷内訳を見た結果、仮に業務用が多く、家庭用が少ないとすると、ピーク電源のコストを業務電力の基本料金の単価に厚めに配分したり、ピーク時間に炊き増しをするための化石燃料の燃料費を業務用電力の平日昼間の電力量単価に配分するなど、きめ細やかな個別原価計算が可能となる。これに基づき様々な料金メニューが提供されるようになる。

● **EV／PHEVとスマートグリッドの関係**

図表2はスマートグリッドの関係の各システムを概念化して図示したものである。エネルギーマネジメントシステム（EMS）は、個々の事業者、家庭において、スマート発電など個々の機器と連結し需要管理を行なうものである。CEMS、HEMS、BEMS、SEMS、FEMSはそれぞれ地域、家庭、ビル、店舗、工場での最適エネルギーマネジメントシステムを行なう電力供給管理システムである。

①のCEMSとHEMS等以下の関係は以下の通りである。HEMSは各家庭での太陽光発電や小風力発電

◆**センターサーバー**……一般電気事業者により部署名称が変わるが、東京電力の場合はネットワークサービスセンターという名称で本体とは事業所を分けて存在する。データベースも分けるなど物理的に情報遮断されている仕組みになっている。

図表2●スマートグリッド関係のシステムの概念整理

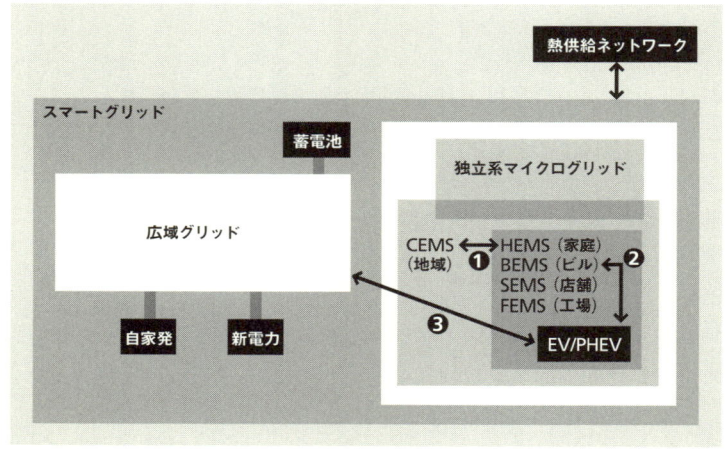

注　CEMS：コミュニティー・エネルギーマネジメントシステム
　　HEMS：ホーム・エネルギーマネジメントシステム
　　BEMS：ビル・エネルギーマネジメントシステム
　　SEMS：ショップ・エネルギーマネジメントシステム
　　FEMS：ファクトリー・エネルギーマネジメントシステム
出所：筆者作成

　　　　　　　　　　システム、家庭用燃料電池等による発電量の管理、家庭内の機器（スマート家電）の電力使用状況を測定し、モニターに表示する。BEMSはビルの中で季節ごとの気象条件や、人の在席情報から、消費エネルギーを予測し、照明や空調エアコンの稼動を最適化し蓄電池や蓄熱装置を稼動させる。SEMS、FEMSはそれぞれの店舗版、工場版である。CEMSは、HEMS、BEMS、FEMS、SEMS、とも連動しており、地域での需給状

況に合わせて、ピーク電力を削減させる。例えばEV／PHEVの充電がある時間帯に集中しないように制御する等である。

②はEVとHEMSを連携させることで家庭内のモニターで電気料金が安い夜間や出勤などの不在時に発電できるように設定したり、EVの走行可能距離や車載電池の残量の確認や充電を行なう。HEMSを通じてEVユーザーの行動パターンを分析することで、必要な時に必要な分の電力だけを自動的に充電して自然放電ロスを最小化するシステムである（国土交通省がEVとHEMSを連携させるシステムの支援に乗り出す『電気新聞』2012年1月16日）。またこれは、業界間の主導権争いになる可能性があるがEV／PHEVがより大きな放電機能を持てばEV／PHEVを提供する自動車会社がEV／PHEVの車載電池で太陽光発電や住宅内の電力消費を制御する事もできる［出典▶1］。このように電池の2次利用が拡大すれば規模の経済が働き車載電池の価格は更に下がることになる。

広域グリッドは一般電気事業者の持つ広域連系線ネットワークに、自家発電や新電力が入る。

独立系マイクログリッドは従来からある概念であるが広域グリッドから独立し、地域の再生可能エネルギーなどだけで分散型の自律電力ネットワークを構成するものである。スマートグリッドにより、これまでの供

給サイドからの見方だけでなく、需要側からの見方も入るようになり、より双方向性が増すことになる。

EVもしくはPHEVが蓄電池の役割を果たし、送電網の負荷調整を行なうことはV2G(Vehicle to Grid)とよばれる。これはEVやPHEV車両に搭載するバッテリーを充放電することで電力系統の需要バランスをとる考え方である。さらにEVやPHEVを家庭の蓄電池として使う場合はV2H(Vehicle to Home)とよばれる。これがうまくいけばEVやPHEVの顧客は電力をオフ・ピークの安い時間帯に購入・蓄電することで、夜間充電の負荷を減らし、ピーク時の高い時間帯に売電することができるようになる。これによりEVやPHEVを購入した後、より早い期間で購入金額を回収することができるようになる。

図表2の③は広域グリッドとEV／PHEVの関係である。Kempton et al.(2008)はEV／PHEVの車載電池がISOの指令の元にRegulation(周波数制御)やSpinning Reserve(瞬動予備力)といったアンシラリーサービスを提供することで、ユーザーが対価を得られる仕組みを提供することを提唱している。しかしながら、技術的には可能そうであるが1台のEV／PHEVが充放電する電力は微々たるものであるため、費用対効果が検討課題となるであろう。

2. 低炭素自動車

●EV車のもたらす社会変化

世界中で地球温暖化が叫ばれている中、ハイブリッド車（HEV: Hybrid Electric Vehicle）や電気自動車（EV）、プラグインハイブリッド車（PHEV）のような低炭素負荷自動車が注目されている。これらは既存のインフラの一部変更で済み、現在の技術で普及可能な技術であり、充電容量を大型化した蓄電池を搭載し、系統電源から充電をすることでガソリン等の化石燃料の使用を減らすことができる。

図表3にあるように運輸部門は我が国の経済セクター別最終エネルギー消費の21％[出典▶2]を占め、このうち旅客用運輸は13％であり、このうち半分でも電気自動車もしくはプラグインハイブリッドに代替できればCO_2排出量を大幅に削減することができる。

図表4にあるように環境省の「次世代自動車普及戦略」によると2050年時点で保有台数ベースでEVは14％、HVは23％、ガソリンPHVは12％としている。

図表5は2013年2月時点

図表3 ● 2011年度の分野別の最終エネルギー消費のCO_2排出量

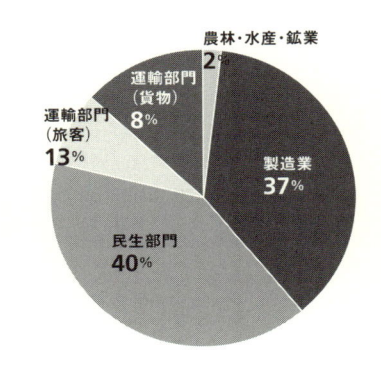

- 農林・水産・鉱業 2%
- 運輸部門（貨物）8%
- 運輸部門（旅客）13%
- 製造業 37%
- 民生部門 40%

出典：資源エネルギー庁／「総合エネルギー統計」より作成

における日米欧各社のEV、PHEVの電費（ガソリンの燃費にあたり、kWhあたりで走れる距離）である。EVとPHEVではバッテリーの使い方に違いがあるため、EVの電費のほうが高い。EVでは"Full Charge"／"Full Discharge"でバッテリー能力を100%使用する形で使うため、バッテリー寿命は短くなるが、PHEVやHybridの場合にはバッテリー寿命を考え容量の40%～80%程度で充放電するパターンの運転となるため計算上の電費が悪い数値となる

EV、PHEVで想定される充電パターンは本来、自家用車と商用車（バス、トラック）で異なり前者は1:00～6:00の安い深夜電力を用い（緊急時は町の充電ステーション）、後者は深夜のみならず昼間でも充電される。

マクロ的に見れば低炭素負荷自動車の普及は、自動車自体から排出する炭素量を減少させると共に、これまで使っていた液体燃料（ガソリン等）を電力化するため、全国の（特に夜間の）電力需要量が増え、電力需要構成（電力負荷パターン）を大きく変えることになる。しかし、これに対応するための電源の選択によっては、特に石炭などの化石燃料を増やした場合は、逆にCO_2

図表4●日本におけるEV及びPHEVの販売市場予測

	2020年				2030年			
	販売台数	%	保有台数	%	販売台数	%	保有台数	%
EV車	51	9%	207	3%	73	14%	590	9%
HV車	115	21%	814	11%	125	25%	1,226	18%
ガソリンPHV乗用車	35	6%	130	2%	63	12%	500	7%
その他	34	6%	197	3%	32	6%	311	5%
次世代車計	234	43%	1,348	19%	281	55%	2,627	38%
全自動車計	550	100%	7,249	100%	510	100%	6,870	100%

が増加することになる。

●日本でのEV普及に関する課題

EV普及に関する最も大きな問題は本格的にEV車が普及した場合の、その急速充電に関わる送電線や変圧器に関わる投資負担である。これは日経産業新聞2010年3月16日版でも指摘されているように、東京電力の大型発電所は新潟の柏崎刈羽原発や、青森の東通原発などは遠隔地に立地しており、そこから高圧電線で都市に運ばれている一方で、東京都市部は細かい送電線が張り巡らされていることから、一斉に急速充電が始められ、例えば東京電力の60,000MWの設備容量のところに、ある時間帯に10,000MW級の最大需要が追加発生した場合、たちまち停電が発生する懸念があることである。実際には分散充電が行なわれるであろうが、効率的な設備形成のためには、より一層の分散充電を実現するシステム（仕掛け）が必要となる。

さらに原子力発電に夜間電力を頼れなくなった場合のEVへの充電を行なう電源の確保の問題がある。日

2050年			
販売台数	%	保有台数	%
70	15%	880	14%
117	24%	1,427	23%
62	13%	780	12%
26	5%	354	6%
275	57%	3,441	54%
480	100%	6,320	100%

注1：EV車には軽自動車と乗用車を含む
注2：HV車にはガソリンHV車とディーゼルHV車を含む
注3：その他にはディーゼル代替NGV車と、クリーンディーゼル車を含む
出典：環境省（2009）「次世代自動車普及戦略」P154を元に筆者作成

図表5●世界の主要自動車各企業による低炭素自動車

地域	会社	車種	車名	発売日（Q: Quarter）
日本	日産	EV	リーフ	2010年3,4Q
	トヨタ	EV	oQ	2012年12月
	トヨタ	PHEV	プリウスPHV	2012年1月
	三菱	EV	i MiEV	2011年7月 or 2011年8月
	三菱	EV	MINICAB-MiEV VAN	2011年12月
	三菱	EV	MINICAB-MiEV TRUCK	2013年1月
	三菱	PHEV	アウトランダーPHEV	2013年1月
	慶応大学	EV	エリーカ	-
	スズキ	PHEV	スイフトEVハイブリッド	-
	ホンダ	PHEV	アコードPHEV	2013年1月
	ホンダ	EV	フィットEV	2012年8月
欧州	BMW	EV	ミニE	2009年7月3日
	BMW	EV	アクティブE	2012年
	BMW	EV	i3	2014年
	BMW	PHEV	i8	2014年
	メルセデスベンツ	EV	SLS AMG クーペ・エレクトリック・ドライブ	2013年
	メルセデスベンツ	EV	B-Class エレクトリック・ドライブ	2014年
	メルセデスベンツ	EV	Vito E-CELL	2010年
	メルセデスベンツ	EV	Smart fortwo ED	2011年
	ボルボ	EV	C30 Electric	2010年末
	ボルボ	PHEV	V60 Plug-in Hybrid	2012年
	ボルボ	PHEV	Volvo XC60 Plug-in Hybrid Concept	-
	プジョー	EV	VeLV	-
	プジョー	EV	iOn(三菱i MiEVのプジョーver)	2010年末

VIII EVとスマートグリッド

Battery Capacity(kWh) (A)	航続距離 (B)	電費 (B)/(A) (km/kWh)
24	228km(JC08) 160km(LA-4)	9.5
12	100km	8.3
4.4	24.4km(JC08) or 26.4km (JC08)	5.5 or 6
10.5 or 16	120km(JC08) or 180km (JC08)	11.4 or 11.2
10.5 or 16	100km(JC08) or 150km (JC08)	9.5 or 9.4
10.5	110km(JC08)	10.5
12	60.2km	5
48	300km	6.3
-	30km	-
6.7	24km	3.6
20	225km	11.3
35	100miles(160km)	4.8
32	160km	5
22	130〜160km	5.9〜7.3
7.2	35km	4.9
60	250km(NEDC)	4.2
-	200km	-
36	130km	3.6
17.6	140km(NEDC)	8.0
24	150km	6.25
12	50km	4.2
12	45km(NEDC)	3.8
8.5	100km	11.8
16	160km	10

地域	会社	車種	車名	発売日（Q: Quarter）
米国	クライスラー	EV	GEM	2009年
	クライスラー	PHEV	PHEV Ram 1500	2011年
	クライスラー	EV	Fiat 500e	2013年
	フォード	EV	FOCUS Electric	2011年
	フォード	PHEV	C-MAX Energi	2013年
	フォード	PHEV	FUSION Energi	2013年
	GM	PHEV	シボレー・ボルト	2010年3Q
	テスラ	EV	モデルS	2011年
	テスラ	EV	モデルX	2014年
	テスラ	EV	ロードスター	2008年3月17日

注1：上記数字は気候、スピード、ライフスタイル、荷物、地形、バッテリーの経年等によって変わる。
注2：JC08モードは日本における燃費基準で、それまでの10・15モードに代わり日本の走行実態がより反映されたモード。
〈「JC08モード」は、最近の都市内走行の平均的走行パターンをもとに、アイドリング、細かな加減速走行を組み合わせた最高速度約82km/hのモードで、エンジン冷機状態および暖機状態の2パターンで測定する〉
〈「10・15モード」は、都市内走行の平均的走行パターンをもとに、アイドリング、加速、減速、定速

Battery Capacity(kWh) (A)	航続距離 (B)	電費 (B)/(A) (km/kWh)
7.0 (6 sets×12V) or 10.0 (9 sets×8V)	30miles (48km) or 40miles (64km)	6.9 もしくは 6.4
12.9	20miles(32km)	2.5
24	80miles(128km)	5.3
23	76miles(122km)	5.3
7.6	21miles(34km)	4.5
7.6	-	-
16.5	38miles(61km)	3.7
40 or 60 or 85	160miles(260km) or 230miles(370km) or 300miles (480km)	6.5 or 6.2 or 5.6
60 or 85	-	-
56	394km	7

走行などを組み合わせた最高速度70km/hのエンジン暖機状態の走行モード。〉(「自動車の分類・測定モード・基準認証制度」日本自動車工業会より)
注3：LA-4は主に米国等で用いられている測定モードで、「EPAのダイナモ走行モード〈UDDS：Urban Dynamometer Driving Schedule〉の組み合わせによる走行モード」の事を指す。これは、ロスアンゼルスのダウンタウンを中心としたルートを朝の通勤時間帯に実際走行したパターン。
注4：NEDCは、New European Driving Cycle(新欧州ドライビングサイクル)の略。
各社ホームページより作成 (2013年2月25日参照)

本国において2011年3月11日に発生した東日本大震災とその後の福島第一原子力発電所事故により、原子力発電の安全性への信頼が大きく揺らぐこととなった。原子力発電の再稼働が遅れる場合はその代替電源となりうるベース電源確保が急務である。

●**発展途上国でのEV普及に関する課題**

2011年7月14日の三菱自動車工業株式会社のプレリリース [出典▶3] によると、三菱自動車は、同社のタイにおける製造・販売会社であるミツビシ・モーターズ・タイランドが、タイの Metropolitan Electricity Authority 社（首都圏配電公社、以下MEA社）、およびPEA ENCOM International社（地方配電公社子会社、以下PEA ENCOM社）とそれぞれ、新世代電気自動車『i-MiEV（アイ・ミーブ）』の実証走行試験の実施に合意したと発表した。今回、電力会社2社を通じて、タイでのEVの受容性、市場性、充電インフラ調査など、EV普及に向けた具体的検証を行なうことになる。

EVはタイなどの発展途上国においても、地域によっては早いスピードで普及する余地がある。例えば日本の家庭電圧は100ボルトであるがタイ国は220ボルトのため充電時間は日本の半分の時間で済むなど導入にあたってのメリットが大きい。反面、バンコク市は遠距離通勤者が多く高速運転をすること、都市では渋滞に

巻き込まれ、日常的にエアコンを使用する等のマイナスの普及要因もある。また充電インフラの制約の問題や荷物、人の積載能力が求められる途上国では普及においても先進国とは異なった条件が求められる。

　また（独）新エネルギー産業技術総合開発機構（NEDO）が2010年後半に泰日工業大学に委託して、タイの消費者（バンコク及びその周辺）3000人と10のタクシー会社に対して行なった、EVへの関心を聞くアンケート調査ではいくつかのタイ特有の結果が出ている。それはタイの消費者が電気自動車に求める条件としては、1回の電力チャージで180km以上走れ、最高80～100km／hのスピード、デパートもしくは政府の公営の駐車場で充電を行ないたいというものであった。バンコク市内では、タイで組立てが行なわれているトヨタのカムリに代表されるハイブリッド車が高所得者層を中心に増えてきており、タイ国においてもEV車導入の実現性が高くなってきているといえよう。しかしながら、泰日工業大学の調査したレポートによると、現地の自動車専門家は、ハイブリッド車の普及は今後1～3年、PHEV車は、さらに4～5年、電気自動車はさらにその先10年後程度であるとの見通しを示している。

3. スマートグリッド

●スマートグリッドの定義

　経済産業省の定義では「スマートグリッド」とは「電力の需給両面での変化に対応するために、IT技術を活用して効率的に需給バランスをとり、電力の安定供給を実現する次世代型の電力送配電網」とされている。(「次世代エネルギー・社会システム協議会について」2009年11月　資料4) さらに日本型スマートグリッドの定義として、同資料3では「再生可能エネルギーが大量に導入されても安定供給を実現する強靭な電力ネットワークと地産地消モデルの相互補完」としている。図表6はスマートグリッドを概念化したものである。

　スマートグリッドの定義は、地域や企業によって異なるとされている。図表7にあるように主な導入目的は(1) 停電などを減少し、電力信頼度をあげること、(2) 風力、太陽光などの分数型エネルギーの大量導入への対応、(3) デマンド・レスポンスなどによりピークカットを行なうことである。

　欧米においては、早くから注目されていたが、日本においては東日本大震災後の東京電力を含む電力事業再編を考える上でクローズアップされてきた。米国では2003年8月に発生した北東部での大規模停電を受け、停電を減らす信頼性向上を目的として導入された。

ピークカットによるデマンド・レスポンス等が主な目的であった。欧州では特に風力などの再生可能エネルギーを大幅に導入するため、その変動に対応するための手段として導入されている。国境を越えた電力融通をすすめ、送電混雑を減少させることが主な目的であった。米国やイタリアなどの電力会社では電気料金の着実な回収を目的としてスマートメーターを各家庭に設置し、未払いの顧客の電気を遠隔操作で自動的に遮断することで電気料金を着実に回収する［出典▶4］。日本では太陽光を中心とする再生可能エネルギーが導入されても安定供給を行なえるようにすることが目的である。

図表6●スマートグリッドの概念図

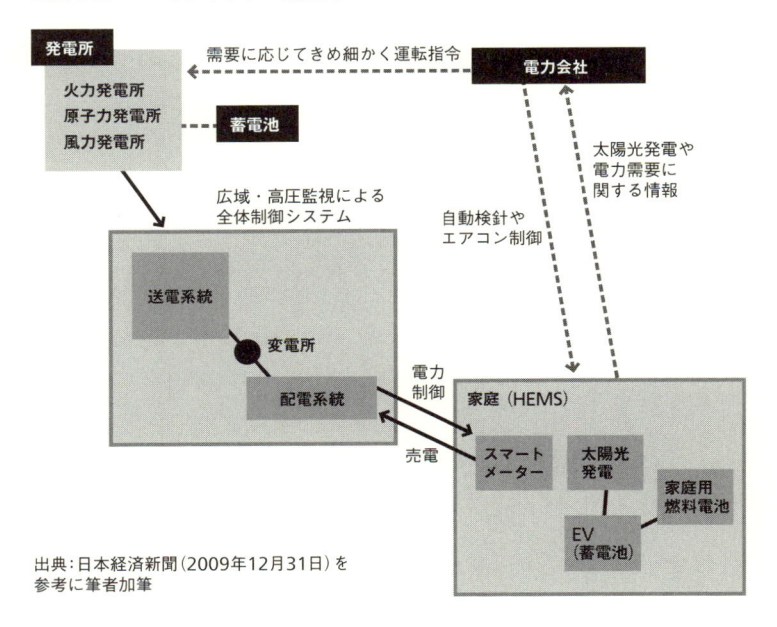

出典：日本経済新聞（2009年12月31日）を参考に筆者加筆

特に我が国では2011年3月11日以降は電力供給が不足がちで推移しており、そのためのピークカット、ピークシフトの側面も大きい。風力や太陽光といった再生可能エネルギーは、それが大量に導入されると、周波数の調整力の不足といった問題が生じる。こうした中で系統を安定化することが求められているのである。

他方で、発展途上国のスマートグリッドは、中国では超高圧送電網の拡充を中心とする「電力系統の強化」であり、インドでは大きな配電ロスの減少が目的である。

●**周回遅れの日本のスマートグリッド政策**

欧州におけるスマートグリッド導入では2006年4月にEUエネルギー効率化指令が出され、省エネに資する最終需要家のエネルギー消費量、使用時間などを正確に反映する競争的な価格の個別メーターを提供する

図表7●欧米、日本、発展途上国のスマートグリッド比較

	米国	ヨーロッパ	日本	中国・インド
きっかけ	●発・送電設備のインフラ不足 ●大停電事故	●風力発電の大量導入 ●大停電事故	●太陽光発電の大量導入 ●ピーク抑制（東日本大震災後）	●電力の安定供給 ●配電ロスの防止 ●電力品質の向上 ●供給に合わせた需要調整
主な導入の目的	●ピーク需要の削減 ●蓄電家情報の積極的利用による情報産業育成 ●電力ロスの防止 ●コスト削減 ●供給信頼性と復旧性●修復性の向上	●風力発電の大量導入（それに伴う産業育成）安定運用	●太陽光発電の大量導入（それに伴う産業育成）安定運用	●供給信頼性と復旧性 ●修復性の向上 ●再生可能エネルギーの取り込み ●コスト削減 ●電力ロスの防止 ●電力消費量の最適化

出典：横山明彦（2010）「スマートグリッド」、横山明彦（2010）「電学誌」130巻3号、「日経新聞」（2009年12月31日）、「次世代エネルギー・社会システム協議会について」平成21年11月（資料4）、World Economic Forum Committed to Improbing the State of the World(http://www.weforum.org/pdf/SlimCity/SmartGrid2009.pdf) 等を参考に作成

ことが打ち出された。同年「欧州スマートグリッド技術プラットフォーム——将来の欧州電力ネットワークへのビジョンと戦略」がまとめられた。

さらに2009年7月の第3次EU電力自由化指令では、2020年までに少なくとも80％の需要家にはスマートメーターが設置されなければならないとされた。

他方、米国におけるスマートグリッドは2003年7月に米国エネルギー省は"Grid 2030: 次の100年への電力国家ビジョン"を提示した。2005年8月のエネルギー政策法（Energy Policy Act of 2005）では信頼性基準、送電線インフラの近代化、スマートメータリング、ディマンドレスポンスと時間帯別メータリングなどが出された。2007年12月のエネルギーの独立と、セキュリティに関する法律（Energy Independence and Security Act of 2007）では米国の送配電線について近代化する必要があると、スマートグリッドの概念を説明している。また、スマートグリッドの推進、タスクフォースやアドバイス委員会、技術開発、ファイナンス、州の役割などを規定している。

2008年10月には緊急経済安定化法（Energy Improvement and Extension Act of 2008）が出され、スマートメーター、スマートグリッドを含む機器について減価償却期間の変更（20年→10年）が出された。2009年2月には米国復興・再投資法（American

Recovery and Reinvestment Act of 2009）が出され、政府は実証プロジェクトを遂行する先端の送電ネットワークへの投資の助成を20%から50%以下までに支援拡大を行なうとした。このように米国では、ファイナンス面で、具体的な支援策を講じているところに特徴がある。

中国では国家電網（SGCC: State Grid Corporation of China）がStrong and Smart Grid Standards のためのフレームワークとロードマップを作成し、2009年〜2010年の計画フェーズ、2011年〜2015年のUHV送電ネットワーク構築のスピードアップ、技術上のブレークスルー達成など、すべての面で、スマートグリッド化をすすめ、最後の2016年〜2020年で、世界をリードするような水準に達することを目標としている。

これらに対して日本では経済産業省が震災前の平成2010年に2030年までのロードマップを作成しているが、欧米、中国、韓国と比べても周回遅れは否めない。東京電力は震災後の供給不足を受けて、2018年度までに約1400万台以上のスマートメーターを設置する計画を発表した（「東京電力株式会社 2013年度事業運営方針」2013年4月）。

中国政府は3月の全国人民代表大会（全人代）において初めて「知能電網（スマートグリッド）」に言及し、

国家電網等を中心とした体制で2011〜2015年で2兆元、2016〜2020年に1兆7000億元の投資を計画している、としている［出典▶5］。2020年までの「Strong Smart Grid」構築の一貫としてスマートメーター導入を位置づけている［出典▶6］。

韓国でもスマートグリッドロードマップの「Smart Consumer」において2020年までの全戸導入を目標としている［出典▶7］。

スマートグリッドの実験で現在、世界から注目をあつめているのが済州島である。

韓国では2011年11月にスマートグリッド促進法が制定されており、また国家スマートグリッドロードマップとして、2030年までを3つのフェーズに分け、ステップ1(2010〜2012年)はスマートグリッド実証期間（技術的検証）、ステップ2(2013〜2020年)はスマートグリッドの広域展開、ステップ3(2021〜2030年)は国家レベルでのスマートグリッド網の完成との計画をしている。

済州島スマートグリッドプロジェクトは2009年に始まり、2013年に現在の体制での実証プロジェクトは終了する予定である。本プロジェクトには170近くの企業が参画している（当初参加していた中小企業中心に、スマートグリッドプロジェクトからの被益効果を考えた離脱が進み新たなコンソーシアムで再スタートする模様）。

本プロジェクトでは島の中にある家庭や自動車をそれぞれスマートハウスやEVに徐々に置き換えようとするものである。

　家庭においては毎時間のエネルギー価格、エネルギー消費、エネルギーコストがリアルタイムで表示され、請求書は従来とスマートグリッドの2ケースが来るようになっている。

　この済州島プロジェクトの特徴はスマートグリッドに市場機能の考え方を具体的に取り入れているところにある。

　スマートメーター、スマートグリッドの導入が本格化してくると、卸電力市場は今後これまでの機能(PEX：Power exchange)◆における、前日市場の機能に加えて、リアルタイム市場の開設も求められるようになる。

　他方で、ISOは給電指令だけでなく、アンシラリーサービス市場の運営、再生可能エネルギーの供給予測の情報など、分散化された情報を統合するトータルオペレーションセンター(TOC)としての機能を果たす重要な役割が期待されるようになる。

　この意味で済州島の例は我が国の電気産業のあり方に大きな示唆を与えている。

●スマートグリッドの費用

米国においては、Kuhn（2008）はスマートグリッドの大部分を建設するのにかかる費用は190〜270億ドルかかると予測している。Chupka et al(2008) は2030年までに電気産業はインフラ設備を行なうために合計1.5兆〜2兆ドル投資する必要がある、としている。

日本における試算では2030年までのスマートグリッドの投資額はシナリオ2の「特異日における太陽光発電の全出力抑制＋系統側蓄電池による対応のケース」で2030年までに13.1兆円となっている[出典▶8]。

いずれにせよ費用便益の対点で検討がなされている。便益はピークシフトによる設備投資削減効果、省エネ、スマートメーターによる検針費用削減などである。

●スマートシティ

現在、エネルギーとIT技術の融合を体現したスマートシティが世界中で建設されつつある。

スマートシティとスマートグリッドの違いは、スマートグリッドが電力を中心とした次世代送電網であるのに対し、スマートシティは都市開発の中で、電力だけでなくガスを使った熱やヒートポンプなど多様な

◆……韓国では2001年4月に韓国電力会社（KEPCO: Korean Electric Power Corporation）の発電部門が6社に分割され、同時に韓国電力取引所（KPX: Korean Power Exchange）が設立された。発電部門の分割は設備資産が均等になるように地域とは関係なく分割された。市場はコストベースドプール（CBP: Cost Based Pool）に基づいた強制プール市場である。発電会社の資本はすべてKEPCOが持ち、送配電事業KEPCOが独占している。ISOはKPXが兼ねる。

エネルギー源もITを駆使し、最適なエネルギーシステムを構築し、居住空間としてパッケージで需要家に提供するものである（このため、分譲住宅では通常の価格より高い価格で売り出すことで開発資金を回収する）。

　スマートシティは電力の他、交通、水、ICTなどの要素で構成される。スマートシティの概念も事業者ごとにその定義が異なっており、例えば日立のケースでは都市マネジメントインフラを中心に、水エネルギー、交通、通信の各インフラが相互に連携し、利便性のある生活を構築するものである。

　我が国においては、従来からの地球温暖化問題、2011年3月に発生した福島第一原子力発電所事故を受けて、原子力発電や化石燃料を使った大規模集中型エネルギーシステムから再生可能エネルギーの活用や省エネルギーに重点をおく分散型エネルギーシステムへの移行が検討されている。新興国でも急激な経済成長により、都市人口が急増し、都市の開発が急ピッチですすめられ、その中でスマートシティへの注目が集まっている。中国においては天津市で、シンガポールが開発パートナーとなり大規模なスマートシティが国家級プロジェクトとして建設されている。この他にも200以上のプロジェクトが進行している。

　天津エコシティプロジェクト（中新天津生態城）は中国国務院レベルで進められている中国とシンガポール

の共同プロジェクトであり、また中国初の環境都市開発プロジェクトである。中国の温家宝総理とシンガポールのリー・シェンロン総理が2007年11月18日に基本協定に合意し、2008年9月28日に温家宝総理とシンガポールのゴー・チョクトン上級相が起工式に出席した。

2012年3月現在も開発が進められており、投資規模は2500億元、2020年の完成時には居住人口35万人及び労働人口15万人を計画している。

本プロジェクトでは再生可能エネルギー利用年を2020年までに少なくとも20％の目標としたエネルギーシステム、海水淡水化やリサイクル率を最低50％とする上下水道システム、公共交通を利用できるコンパクトシティ、グリーン建築100％、ゴミ回収利用率60％以上の資源循環システム等のシステムが導入される予定である。

独企業シーメンスに資金援助をうけたEIU(Economist Intelligence Unit) 社は、欧州30都市及びラテンアメリカ17都市等において量的な側面から指標（インディケーター）を作成している。("European Green City Index", "Latin American Green City Index" 等) 主な項目は (1) Energy and CO_2, (2) Land use and Buildings, (3) Transport, (4) Waste, (5) Water, (6) Sanitation, (7) Air Qualityである。他方、中国（天

津)におけるプロジェクトでは、(1) 生態環境(自然環境、環境調査)、(2) 社会調和(生活、健康、インフラ、その他)、(3) 経済成長(経済発展、技術革新)などが開発指標となっている。

しかしながら、異なった地域で互いにその数値を同一の基準で比較することのできるインディケーターやベンチマークが存在しないことが問題となっている。特にアジアにおいては大規模なスマートシティ開発計画があるものの、数値(インディケーター)が開発されたことはなく、都市開発のスピードを考慮するとインディケーターの開発は急を要するところである。

●最後に

最後にEV／PHEV、スマートグリッド、スマートシティを今後産業として展開していく上で国際標準化に先手を打つことが欠かせない。他国により標準化の主導権を握られると、国際市場への展開が難しいものとなる。この意味でも我が国の企業はものづくりだけでなく外交的手腕が求められている。

●記

本文中における天津エコシティ及び済州島スマートグリッドの記載については現地出張を2012年3月に行ない、この費用は京都大学グリーンイノベーションマ

ネジメント (GIM) による支援を受けています。

● **参考文献**

[1] 日経Automotive Technology 2011年11月
[2] 経済産業省／EDMC「総合エネルギー統計」2010
[3] http://www.mitsubishi-motors.com/publish/pressrelease_jp/corporate/2011/news/detailb715.html
[4] 「次世代エネルギー・社会システム協議会について」平成２１年１１月　資料4
[5] 日経新聞　2010年3月13日
[6] 経済産業省スマートメーター制度検討会　スマートメーター制度検討会報告書　2011年2月
[7] 経済産業省スマートメーター制度検討会　スマートメーター制度検討会報告書　2011年2月
[8] 経済産業省次世代送配電ネットワーク研究会「低炭素社会実現のための次世代送配電ネットワークの構築に向けて」報告書（2010年4月）
環境省（2009）「次世代自動車普及戦略」
経済産業省　次世代自動車戦略研究会（2010）「次世代自動車戦略」
経済産業省商務情報政策局「スマートコミュニティ政策について」(2010年11月26日)
資源エネルギー庁「次世代エネルギー・社会システム協議会について」2009年11月　資料4、及び2010年1月　資料3
日本経済新聞 2009年12月31日
日経産業新聞　2010年3月16日
横山明彦（2010）「スマートグリッド」(社) 日本電気協会新聞部
横山明彦（2010）　電学誌　130巻3号
長山浩章『発送電分離の政治経済学』　東洋経済新報社　2012

年6月

Chupka, M.W., R. Earle, P. Fox-Penner, and Hledik, R., Robert Earle ,Peter Fox-Penner ,Ryan Hledik :The Brattle Group (2008) . Transforming America' s Power Industry: The Investment Challenge 2010-2030, The Edison Foundation

Kuhn TR. (2008) . `Legislative Proposals to Reduce Greenhouse Gas Emissions: An Overview. Testimony before the United States House of Representatives Subcommittee on Energy and Air Quality,' June 19, 2008.

U.S. Department of Energy, United States (2009), "Smart Grid System Report"

State Grid Corporation of China (2010) "SGCC Framework and Roadmap for Storong and Smart Grid Standards"

Kempton,W., Udo,V., Huberk,K., Komara,K., Letendre,S.,Baker,S., Brunner,D., and Pearre,N.(2008) `A Test of Vehicle-to-Grid (V2G) for Energy Storage and Frequency Regulation in the PJM System' University of Delaware, Pepco Holdings, Inc, PJM Interconnect, Green Mountain Collete

Kuhn TR. 2008. Legislative Proposals to Reduce Greenhouse Gas Emissions: An Overview.

Testimony before the United States House of Representatives Subcommittee on Energy and Air Quality, June 19, 2008.

VIII
EVとスマートグリッド

●執筆者プロフィール

橋爪大三郎
はしづめ だいさぶろう

1948年生まれ。社会学者。

1972年、東京大学文学部社会学科卒業。1977年、東京大学大学院社会学研究科博士課程単位取得退学。1989年〜1995年、東京工業大学工学部助教授、1995年〜2013年、東京工業大学教授。2006年〜2013年、東京工業大学世界文明センター副センター長を兼務。

主な著書は、『はじめての構造主義』(1988年、講談社現代新書)、『ふしぎなキリスト教』(2011年、講談社現代新書、大澤真幸と共著)『おどろきの中国』(2013年、講談社現代新書、大澤真幸・宮台真司と共著)『科学技術は地球を救えるか』(1995年、富士通経営研究所、新田義孝と共編著)、『橋爪大三郎コレクション』(全3巻、1993年、勁草書房)など多数。

野澤聡
のざわ さとし

1967年生まれ。科学史家。

1994年、京都大学理学部卒業。2009年、東京工業大学大学院社会理工学研究科で博士(学術)取得。現在、東京工業大学社会理工学研究科特別研究員。昭和女子大学、法政大学などで非常勤講師を務める。

主な著作は、『学校で習った「理科」をおもしろく読む本——最新のテクノロジーもシンプルな原理から』(2010年、JIPMソリューション、山崎正勝・小林学編著)。

池田和弘
いけだ かずひろ

1977年生まれ。社会学者。

2000年、東京大学卒業。2005年、東京大学大学院人文社会系研究科博士課程満期退学。2013年より、上智大学大学院地球環境学研究科特別研究員。

主な論文は、池田和弘・平尾桂子「気候変動の多重メディア」(『地球環境学』第6号、2011年)。

鈴木政史
すずき まさちか

1973年生まれ。専門は環境経営、環境政策。
1999年、アメリカ・コロンビア大学大学院修士課程修了。2008年、オランダ・エラスムス大学大学院博士課程修了。2007年より、国際大学大学院専任講師、2010年より関西大学商学部准教授。

品田知美
しなだ ともみ

1964年生まれ。社会学者。
1988年早稲田大学卒業、2001年東京工業大学大学院社会理工学研究科博士課程修了。博士（学術）。2012年より、城西国際大学福祉総合学部准教授。
主な著作は、『家事と家族の日常生活――主婦はなぜ暇にならなかったのか』2007年、学文社)、「How do students understand climate change? Local knowledge and specialised knowledge.」(The European Sociological Association 8th Conference, paper, 2007) など。

長山浩章
ながやま ひろあき

1964年生まれ。エネルギーコンサルタント。
1988年、慶応義塾大学経済学部卒業。1988年、三菱総合研究所入所。1992年、エール大学経営大学院修了（MBA取得）。三菱総研では企業戦略、海外事業戦略構築のコンサルティングに従事。2004年、ケンブリッジ大学応用経済学部客員研究員（2005年8月まで）、2007年、京都大学大学院エネルギー科学研究科博士後期課程修了（博士［エネルギー科学］）。2008年より、京都大学国際交流推進機構教授。
主な著作は、『発送電分離の政治経済学』（2012年、東洋経済新報社）。

書名	驀進する世界のグリーン革命
副書名	地球温暖化を越え、持続可能な発展を目指す具体的アクション
編者	橋爪大三郎
著者	橋爪大三郎、野澤聡、池田和弘、鈴木政史、品田知美、長山浩章
編集	大田洋輔
ブックデザイン	山田信也
発行	2013年5月21日［第一版第一刷］
希望小売価格	1,800円+税
発行所	ポット出版
	150-0001
	東京都渋谷区神宮前2-33-18#303
	電話 03-3478-1774　ファックス 03-3402-5558
	ウェブサイト http://www.pot.co.jp/
	電子メールアドレス books@pot.co.jp
郵便振替口座	00110-7-21168 ポット出版
印刷・製本	シナノ印刷株式会社
ISBN978-4-7808-0199-6 C0030	

©HASHIZUME Daisaburo

Green Revolution Making A Dash
Edited by HASHIZUME Daisaburo
Editor: OTA Yosuke
Designer: YAMADA Shinya
First published in
Tokyo Japan, May 21, 2013
by Pot Pub. Co. Ltd
#303 2-33-18 Jingumae Shibuya-ku
Tokyo, 150-0001 JAPAN
E-Mail: books@pot.co.jp
http://www.pot.co.jp/
Postal transfer: 00110-7-21168
ISBN978-4-7808-0199-6 C0030

【書誌情報】
書籍DB●刊行情報
1 データ区分――1
2 ISBN――978-4-7808-0199-6
3 分類コード――0030
4 書名――驀進する世界のグリーン革命
5 書名ヨミ――バクシンスルセカイノグリーンカクメイ
7 副書名――地球温暖化を越え、持続可能な発展を目指す具体的アクション
13 著者名1――橋爪　大三郎
14 種類1――編
15 著者名1読み――ハシヅメ　ダイサブロウ
22 出版年月――201305
23 書店発売日――20130521
24 判型――B6
25 ページ数――208
27 本体価格――1800
33 出版者――ポット出版
39 取引コード――3795

本文●ラフクリーム琥珀N　四六判・Y・71.5kg（0.130）／スミ
見返し●タント・N-61・四六判・Y目・100kg
表紙●ライトスタッフGA（N）-FS・四六判・Y目・170kg／TOYO CF 10418
カバー●ヴァンヌーボF-FS・ホワイト・菊判・T目・76.5kg／スミ+TOYO CF 10223／グロスニス
帯●ヴァンヌーボF-FS・ホワイト・菊判・T目・76.5kg／スミ+TOYO CF 10223／グロスニス
使用書体●游明朝体M＋ITC Garamond　游ゴシック体　游明朝体　中ゴ　Frutiger　Hoefler Text
2013-0101-1.0
書影の利用はご自由に。

ポット出版の本

低炭素革命と地球の未来
環境、資源、そして格差の問題に立ち向かう哲学と行動

著●竹田青嗣、橋爪大三郎

環境、資源、格差問題の危機を、我々はどう乗り越えるべきか。
『「炭素会計」入門』(洋泉社)で炭酸ガス重量絶対主義を提言した橋爪大三郎と、
『人間の未来』(筑摩書房)で資本主義経済の行く末を説いた竹田青嗣による
公開対談「炭素革命と世界市民の正義」、
「資本主義と世界市民の正義」を元に加筆修正。
21世紀の人類が直面する問題の本質を明らかにし、
人びとが自由に生きるための新しい哲学、行動を語る。

2009年09月刊行／定価1,800円＋税／ISBN978-4-7808-0134-7 C0036／
B6判／192ページ／並製